8°V
7976

ARITHMÉTIQUE

ÉLÉMENTAIRE

PROGRAMMES OFFICIELS DU 22 JANVIER 1885

CLASSE DE TROISIÈME

ARITHMÉTIQUE THÉORIQUE

Numération.

Addition, soustraction et multiplication des nombres entiers. — Théorèmes simples relatifs à la multiplication.

Division des nombres entiers. — Caractère de divisibilité par chacun des nombres 2, 5, 4, 9 et 3.

Plus grand commun diviseur. — Propriétés élémentaires des nombres premiers. — Plus petit commun multiple.

Opérations sur les fractions.

Fractions décimales. — Opérations sur les nombres décimaux; quotient de deux nombres entiers ou décimaux à moins d'une unité décimale d'un ordre donné.

Carré et racine carrée.

Rapports et proportions.

CLASSE DE PHILOSOPHIE

Révision du cours d'arithmétique.

ARITHMÉTIQUE

ÉLÉMENTAIRE

Contenant les matières indiquées par les programmes officiels
du 22 janvier 1885

POUR LES CLASSES DE TROISIÈME ET DE PHILOSOPHIE

PAR

J. PICHOT

Ancien élève de l'École Polytechnique
Ancien professeur au lycée Louis-le-Grand
Censeur des études au lycée Condorcet

SIXIÈME ÉDITION
entièrement refondue

PARIS
LIBRAIRIE HACHETTE ET Cie
79, BOULEVARD SAINT-GERMAIN, 79

1885

Droits de propriété et de traduction réservés

ÉLÉMENTS D'ARITHMÉTIQUE.

LIVRE I.

NOMBRES ENTIERS. — LES QUATRE OPÉRATIONS.

CHAPITRE I.

NUMÉRATION DÉCIMALE.

1. Nombre. Unité. — La première idée du *nombre* résulte pour nous de la réunion des objets ou de la répétition des phénomènes qui se passent sous nos yeux. Ainsi, un bataillon se compose d'un certain *nombre* de compagnies; chaque compagnie d'un certain *nombre* de soldats. De même, le balancier d'une horloge exécute dans un temps déterminé un certain *nombre* de battements.

L'objet ou le phénomène dont la répétition produit le nombre a été appelé *unité*. Quand on dit qu'un bataillon est composé d'un certain nombre de compagnies, c'est la compagnie qui est l'unité; si l'on dit qu'un régiment comprend un certain nombre de soldats, c'est le soldat qui est l'unité. Par analogie, l'unité elle-même est considérée comme un nombre.

2. Grandeur. Mesure d'une grandeur. — Nous acquérons encore la notion du nombre par la mesure des *grandeurs*. On entend par grandeur tout ce qui est susceptible d'augmentation ou de diminution, soit que la modification ait lieu réellement, soit que la pensée seule la conçoive. Ainsi, un objet peut être plus ou moins long, plus ou moins lourd, ce qui nous donne la notion des grandeurs désignées sous les noms de *longueurs* et de *poids*.

Mesurer une grandeur, c'est la comparer à une grandeur fixe de même nature qu'on appelle *unité* et qui sert à évaluer toutes les grandeurs de même espèce. Pour les longueurs, l'unité principale est le *mètre*; pour les poids, c'est le *gramme*; pour les monnaies, c'est le *franc*. Le résultat de la mesure d'une grandeur s'appelle *nombre*. Quand on dit, par exemple, un poids de *cinq* grammes, le mot cinq exprime un nombre.

Il y a donc deux manières d'envisager les nombres, mais il importe de remarquer qu'il y a entre ces deux manières une différence essentielle. Quand on dit qu'une compagnie est formée de *soixante* hommes et qu'un corps pèse *soixante* grammes, chaque grandeur contient dans les deux cas *soixante fois son unité*; le nombre qui exprime la grandeur est le même de part et d'autre. Mais la séparation des unités est réelle dans le premier cas, tandis que la pensée le conçoit dans le second. C'est par extension d'idée qu'on donne le nom de nombre à la mesure d'une grandeur au moyen de l'unité.

3. Nombre entier. Nombre fractionnaire. — Lorsque l'unité est contenue exactement dans la grandeur qu'on veut évaluer, le résultat de la comparaison est un *nombre entier*. C'est ainsi que le nombre entier *quatre* représentera la longueur d'une tige, si le mètre s'y trouve contenu *quatre* fois exactement.

Il peut arriver que la grandeur à mesurer soit plus

petite que l'unité. On partage alors celle-ci en un certain nombre de parties égales, et on cherche combien la grandeur contient de ces parties. Supposons, par exemple, que l'unité ait été partagée en dix parties égales ou *dixièmes* et que la grandeur contienne *sept* de ces parties, sans reste. On donne alors le nom de *fraction* au résultat de la comparaison de la grandeur à son unité, et on dit que la grandeur est exprimée par la fraction sept *dixièmes*.

Il peut arriver enfin qu'une grandeur contienne un certain nombre de fois son unité, mais avec un reste. On évalue ce reste comme nous venons de l'indiquer, et la grandeur se trouve alors exprimée par un nombre entier augmenté d'une fraction ; c'est là ce qu'on appelle un *nombre fractionnaire*.

4. Arithmétique. — On peut dire que l'*Arithmétique* est la science des nombres. Dans ce traité très-élémentaire, nous nous bornerons à l'exposition raisonnée des opérations fondamentales et des propriétés des nombres qui peuvent faciliter ces opérations.

5. Formation des nombres. La suite des nombres est illimitée. Numération. — Les nombres se forment par l'addition successive du nombre *un*. Un ajouté à lui-même donne le nombre *deux* ; un ajouté à deux donne le nombre *trois* ; un ajouté à trois donne le nombre *quatre*, et ainsi de suite. La série des nombres est donc illimitée, car quelque grand que soit un nombre, on peut en former un nouveau en lui ajoutant une unité.

La *numération* a pour objet de former les nombres, de les nommer et de les représenter par des caractères particuliers appelés chiffres ; elles se divise donc naturellement en *numération parlée* et *numération écrite*.

6. Numération parlée. — Si l'on avait donné un nom particulier à chaque nombre, l'esprit se serait perdu dans cette multitude de mots. On a donc cherché à combiner entre eux un nombre *restreint* de mots de manière à pouvoir énoncer tous les nombres ; tel est le but de la numération parlée. Nous allons exposer notre système de numération décimale en laissant d'abord de côté les irrégularités consacrées par l'usage. Pour rendre cet exposé plus clair, nous supposerons qu'on ait à compter des objets réels ; admettons, par exemple, qu'on veuille évaluer le nombre des grains de blé renfermés dans un sac.

Prenons d'abord les grains un à un en disant : *un, deux, trois, quatre, cinq, six, sept, huit, neuf, dix.* Formons maintenant des groupes de dix ou *dizaines*, et comptons par dizaines comme nous comptions précédemment par objets simples en disant : une dizaine, deux dizaines, trois dizaines..., jusqu'à ce qu'il ne reste plus assez de grains pour former une nouvelle dizaine. Si nous avons pu former sept dizaines et qu'il ne reste plus que quatre grains, nous dirons que le nombre des grains contenus dans le sac est de *sept dizaines et quatre unités*.

Mais il peut arriver que le nombre des dizaines surpasse dix. Nous les réunirons alors dix par dix, et nous formerons ainsi des groupes de dix dizaines auxquels on donne le nom de *centaines*, puis nous compterons par centaines comme nous avons déjà compté par dizaines et par objets simples, jusqu'à ce qu'il ne reste plus assez de grains pour former une nouvelle centaine. Si après avoir formé cinq centaines, par exemple, il ne reste plus que sept dizaines, puis quatre grains, nous dirons que le nombre des grains contenus dans le sac est de *cinq centaines, sept dizaines et quatre unités*.

Mais supposons encore que le nombre des centaines surpasse dix. Réunissons-les dix par dix pour former des groupes de dix centaines qu'on appelle *mille*, et comptons par mille comme nous avons compté par centaines, par dizaines et par unités. Si le nombre des mille surpasse dix, nous formerons de nouveaux groupes appelés *dizaines de mille* et nous continuerons de la même manière jusqu'à ce que nous arrivions à des groupes dont le nombre soit inférieur à dix.

Le mécanisme de notre système de numération est

donc des plus simples. Il consiste à former des groupes *de dix en dix fois plus forts*. Ce sont autant d'*unités nouvelles* ou de différents *ordres* dont l'emploi simplifie notablement l'expression des nombres. Dix unités simples ou du premier ordre forment une dizaine ou unité du second ordre ; dix dizaines forment une centaine ou unité du troisième ordre ; dix centaines forment un mille ou unité du quatrième ordre, et ainsi de suite. En général, *dix unités d'un ordre quelconque forment une unité de l'ordre suivant*.

7. Tableau des unités des divers ordres. Unités ternaires ou classes. — Jusqu'au quatrième ordre inclusivement chaque unité nouvelle a reçu un nom nouveau ; mais, afin de ne pas trop multiplier les mots, on a désigné l'unité du cinquième ordre par le mot composé *dizaine de mille*. De même, l'unité du sixième ordre a été appelée *centaine de mille*, mais on a inventé le mot *million* pour désigner l'unité du septième ordre. On compte ensuite par dizaines de millions et par centaines de millions qui sont les unités du huitième et du neuvième ordre, puis on a inventé le mot *billion* pour désigner l'unité du dixième ordre, et ainsi de suite. Le tableau des ordres d'unités se trouve donc composé de la manière suivante :

Premier ordre........	Unités simples.	Première classe.
Deuxième............	Dizaines d'unités.	
Troisième............	Centaines d'unités.	
Quatrième...........	Mille.	Deuxième classe.
Cinquième...........	Dizaines de mille.	
Sixième..............	Centaines de mille.	
Septième............	Million.	Troisième classe.
Huitième............	Dizaines de millions.	
Neuvième...........	Centaines de millions.	
Dixième.............	Billions ou milliards.	Quatrième classe.
Onzième............	Dizaines de billions.	
Douzième...........	Centaines de billions.	

Il suffit de jeter les yeux sur ce tableau pour voir que les différents ordres d'unités ont été groupés en *classes* de trois en trois ou *ordres ternaires*. Les unités simples en s'assemblant par dizaines et par centaines forment le premier ordre ternaire ou la première classe, celle des unités simples; les mille s'assemblant par dizaines et par centaines forment le deuxième ordre ternaire ou la seconde classe, celle des mille; les millions s'assemblant aussi par dizaines et centaines forment le troisième ordre ternaire ou la troisième classe, celle des millions, et ainsi de suite, de sorte qu'il faut mille unités d'une classe pour former une unité de la classe immédiatement supérieure.

Si nous ajoutons que mille billions font un *trillion*, que mille trillions font un *quatrillion*, etc., il est bien évident que le système que nous venons de développer nous permettra de compter un nombre quelconque d'objets aussi grand qu'on voudra le concevoir. Pour exprimer les nombres moindres qu'un trillion, mais plus grands qu'un billion, par exemple, on indiquera combien ces nombres renferment de billions, de millions, de mille et d'unités simples. Ainsi l'on dira: *quatre dizaines et trois billions; sept centaines, six dizaines et cinq millions; deux centaines, huit dizaines et quatre mille; sept centaines et deux unités simples.*

Comme il y a au plus neuf unités de chaque ordre, *quatorze* mots nous suffiront pour énoncer tous les nombres depuis *un* jusqu'à un *trillion* exclusivement. Ce sont, outre les noms des dix premiers nombres, les mots: cent, mille, million, billion.

8. Irrégularités introduites par l'usage. — Il ne nous reste plus qu'à faire connaître les modifications consacrées par l'usage.

		On dit :	
1° Au lieu de dire :	une dizaine		dix.
	deux dizaines		vingt.
	trois dizaines		trente.
	quatre dizaines		quarante.
	cinq dizaines		cinquante.
	six dizaines		soixante.
	sept dizaines		septante ou soixante-dix.
	huit dizaines		octante ou quatre-vingts.
	neuf dizaines		nonante ou quatre-vingt-dix.

NUMÉRATION DÉCIMALE.

Au lieu de dire :
2°
{ dix et un
  dix et deux
  dix et trois
  dix et quatre
  dix et cinq
  dix et six }
On dit :
{ onze.
  douze.
  treize.
  quatorze.
  quinze.
  seize. }

En introduisant ces irrégularités dans le langage, le nombre indiqué précédemment s'énoncera : *Quarante-trois billions, sept cent soixante-cinq millions, deux cent quatre-vingt-quatre mille, sept cent deux unités.*

9. Numération écrite. — La numération écrite a pour but de représenter tous les nombres à l'aide d'un petit nombre de caractères, appelés *chiffres*. Or, dans l'énoncé des nombres, ce sont les mots un, deux, trois,... neuf, qui indiquent le nombre des unités de chaque ordre, qui se répètent sans cesse ; on a donc eu naturellement l'idée de représenter chacun de ces mots par un chiffre. Plaçons en regard les mots et les chiffres qui les représentent :

Un, deux, trois, quatre, cinq, six, sept, huit, neuf.
1,   2,   3,   4,   5,   6,   7,   8,   9.

A l'aide de ces caractères, on peut déjà simplifier l'écriture des nombres. S'il s'agit, par exemple, du nombre : *Quatre millions, six cent quatre-vingt-quatre mille, neuf cent seize unités*, on écrira :

4 millions 6 c. mille 8 d. mille 4 mille 9 cent 1 dix 6 unités

Mais nous voyons que le rang de chaque chiffre, *à partir de la droite*, indique l'ordre des unités qu'il représente. Il est donc inutile d'écrire le nom de l'ordre puisqu'il est suffisamment indiqué par le rang du chiffre. Nous écrirons donc plus simplement : 4684916.

10. Du caractère zéro. — Si les unités d'un certain ordre manquent, afin de conserver aux chiffres la place qu'ils doivent occuper, on remplace les unités manquantes par le chiffre 0, appelé *zéro*, qui n'a aucune valeur par lui-même et sert seulement à remplir les places vacantes. Par suite, les nombres : *Trois cent huit, six cent trois mille neuf* s'écrivent : 308 ; 603009.

11. Système décimal. Valeur absolue et valeur relative des chiffres. — Notre système de numération a pour *base* le nombre dix ; de là la dénomination de *Système décimal.*

Les chiffres ont deux valeurs : l'une *absolue*, qui dépend de la *figure* et est invariable ; l'autre *relative*, qui dépend de la place qu'ils occupent dans un nombre. Cette idée fondamentale d'indiquer par le rang du chiffre à partir de la droite l'ordre des unités qu'il représente s'exprime ordinairement de la manière suivante : *Tout chiffre placé à la gauche d'un autre représente des unités dix fois plus grandes.*

Le zéro n'ayant ni valeur absolue, ni valeur relative, les autres chiffres ont été appelés, par opposition, *chiffres significatifs.*

12. Règle pour écrire en chiffres un nombre énoncé en langage ordinaire. — D'après les principes de la numération parlée, l'énoncé d'un nombre indique immédiatement combien il y a d'unités de chaque classe. On écrira donc un nombre sous la dictée *en plaçant successivement à la suite les uns des autres, et en allant de gauche à droite, les chiffres qui expriment les nombres de centaines, de dizaines et d'unités de chaque classe, en commençant par la classe la plus élevée, en ayant soin de remplacer par des zéros les classes qui manquent en entier dans le nombre ou les ordres qui peuvent manquer dans chaque classe.*

Supposons, par exemple, qu'on ait à écrire le nombre : *cinquante-quatre millions trente-neuf unités.* J'écris d'abord 54 pour la classe des millions, puis à droite trois zéros pour remplacer la classe des mille, puis enfin 039 pour la classe des unités, ce qui donne : 54 000 039.

13. Règle pour lire un nombre donné. — Lorsqu'il

s'agit d'énoncer un nombre écrit, il suffit de remarquer que les trois premiers chiffres à droite expriment des unités simples, des dizaines et des centaines d'unités; que les trois suivants expriment des mille, des dizaines de mille et des centaines de mille; les trois suivants des millions, des dizaines de millions et centaines de millions. On en conclut la règle pratique suivante pour lire un nombre donné :

Séparez le nombre en tranches de trois chiffres à partir de la droite, la dernière tranche à gauche pouvant ne contenir qu'un ou deux chiffres; puis énoncez successivement chaque tranche, à partir de la gauche, comme si elle était seule, en indiquant immédiatement après le nom des unités qu'elle représente.

Tout se trouve ainsi ramené à l'énoncé d'un nombre qui a trois chiffres au plus. Or, on lit un pareil nombre en énonçant successivement chaque chiffre à partir de la gauche, et en indiquant immédiatement après l'ordre des unités qu'il représente. Par exemple, les nombres 52, 809, 760, 200, 954, s'énoncent : *cinquante-deux, huit cent neuf, sept cent soixante, deux cents, neuf cent cinquante-quatre.*

La lecture d'un nombre renfermant plus de trois chiffres s'effectuera alors facilement d'après la règle établie plus haut. Par exemple, le nombre 92 408 063 s'énoncera : *quatre-vingt-douze millions quatre cent huit mille soixante-trois unités.*

14. Zéros placés ou supprimés à la droite d'un nombre. — Un zéro placé à la droite d'un nombre recule d'un rang tous les autres chiffres; chacun d'eux exprime donc alors des unités dix fois plus grandes et le nombre lui-même devient dix fois plus grand. Si l'on écrit deux zéros à la droite d'un nombre, chaque chiffre se trouvant reculé de deux rangs, exprime des unités cent fois plus grandes, et le nombre lui-même devient cent fois plus grand. *On rend donc un nombre dix, cent, mille.... fois plus grand en écrivant à sa droite, un, deux, trois.... zéros.*

Supposons, au contraire, qu'un nombre soit terminé

par des zéros. *Si l'on supprime un, deux, trois....zéros à sa droite, on le rendra dix, cent, mille.... fois plus petit.* En effet, chaque zéro effacé avance d'un rang tous les chiffres.

15. Nombres abstraits. Nombres concrets. — Lorsqu'on énonce un nombre sans indiquer la nature des unités qu'il représente, on dit que c'est un *nombre abstrait*. On dit au contraire qu'un nombre est *concret* lorsqu'on énonce après lui la nature des unités qu'il représente. Par exemple, 12 et 348 sont des nombres abstraits, tandis que 12 hommes et 348 litres sont des nombres concrets.

CHAPITRE II.

ADDITION.

16. Définition. Somme ou total. Signe de l'addition. — L'addition consiste dans la réunion de deux ou plusieurs grandeurs de même espèce en une seule. Les grandeurs étant représentées par des nombres, on peut dire que l'addition a pour but : *de former un nombre qui contienne à lui seul autant d'unités que plusieurs nombres donnés*; le résultat s'appelle *somme* ou *total*.

Lorsqu'on ajoute des nombres entre eux, la nature des unités qu'ils représentent est complètement indifférente, mais il faut que ces unités soient de même espèce. Quand on dit que *huit* et *quatre* font *douze*, ce résultat s'applique à toutes les unités du même ordre et de la même nature; nous exprimons, par exemple, que huit *dizaines* et quatre *dizaines* font douze *dizaines*, que huit *kilogrammes* et quatre *kilogrammes* font douze *kilogrammes*.

Le signe de l'addition est le signe $+$, qu'on énonce *plus*. Pour indiquer qu'on doit ajouter 4 à 8, on écrit $8+4$ et on exprime que le résultat est égal à 12, en écrivant : $8+4=12$, ce qu'on lit de la manière suivante : huit plus quatre est égal à douze. C'est ce qu'on appelle une *égalité*. La partie à gauche du signe $=$ est le premier *membre*; la partie à droite est le second *membre*.

17. Addition de deux nombres d'un seul chiffre. Table d'addition. — L'addition de deux nombres d'un seul chiffre se fait en ajoutant au premier *autant d'unités qu'il y en a dans le second*. Si l'on veut ajouter 4 à 7, on dira : 7 et 1, 8 et 1, 9 et 1, 10 et 1, 11 jusqu'à ce qu'on ait ajouté les *quatre* unités qui composent le deuxième nombre. Pour les commençants, cette opération se fait ordinairement en comptant sur les doigts; mais on arrive bientôt par l'usage à dire immédiatement 7 et 4 font 11 ou plus simplement 7 et 4.... 11.

Ceux qui n'ont pas encore l'habitude du calcul peuvent s'aider de la *table d'addition* dans laquelle on trouve les sommes de tous les nombres d'un seul chiffre pris deux à deux. On forme cette table de la manière suivante :

On écrit d'abord les dix chiffres sur une colonne horizontale en commençant par le chiffre zéro. On forme ensuite une deuxième colonne en ajoutant l'unité à chacun des nombres de la première; puis une troisième colonne en ajoutant encore une unité à chacun des nombres de la deuxième; puis une quatrième colonne en ajoutant toujours une unité à chacun des nombres de la troisième, et ainsi de suite, de proche en proche, jusqu'à ce qu'on ait formé dix colonnes :

TABLE D'ADDITION.

0	1	2	3	4	5	6	7	8	9
1	2	3	4	5	6	7	8	9	10
2	3	4	5	6	7	8	9	10	11
3	4	5	6	7	8	9	10	11	12
4	5	6	7	8	9	10	11	12	13
5	6	7	8	9	10	11	12	13	14
6	7	8	9	10	11	12	13	14	15
7	8	9	10	11	12	13	14	15	16
8	9	10	11	12	13	14	15	16	17
9	10	11	12	13	14	15	16	17	18

ADDITION.

Si l'on veut trouver au moyen de cette table la somme de deux nombres, de 7 et 8 par exemple, il suffira de prendre la colonne verticale qui commence par 7 et la colonne horizontale qui commence par 8; le nombre 15 placé au point de croisement des deux colonnes est la somme cherchée. En général la somme de deux chiffres se trouve au point de croisement de la colonne verticale et de la colonne horizontale en tête desquelles les deux chiffres sont inscrits.

18. Addition d'un nombre d'un chiffre à un nombre de plusieurs chiffres. — Supposons qu'on ait à ajouter 8 à 34. Nous savons déjà que 8 unités ajoutées à 4 unités font 12 unités, c'est-à-dire 2 unités et 1 dizaine; cette dizaine ajoutée à 3 dizaines donnant 4 dizaines; nous aurons en tout 4 dizaines et 2 unités, c'est-à-dire 42 unités. L'habitude et la mémoire aidant, on dit plus simplement dans la pratique : 34 et 8... 42.

19. Addition de nombres quelconques. Règle pratique. — Ces premières règles établies, on peut alors ajouter entre eux des nombres quelconques. Prenons, comme exemple, les nombres : 412, 123 et 341. Ces trois nombres peuvent être décomposés de la manière suivante :

Le premier contient : 4 centaines, 1 dizaine et 2 unités.
Le second   »   : 1   »   2   »   et 3   »
Le troisième »   : 3   »   4   »   et 1   »

Si nous ajoutons ces différentes parties les unes aux autres et que nous réunissions les sommes, nous obtiendrons toutes les parties des nombres, c'est-à-dire la somme cherchée. Pour arriver plus facilement au résultat, on dispose les nombres les uns au-dessous des autres de telle sorte que les unités du même ordre soient dans une même colonne verticale; on souligne et on dit, en commençant par la droite : 2 et 3, 5 et 1, 6, et on écrit 6 dans la colonne des unités, au-dessous du trait. Puis, on continue : 1 et 2, 3 et 4, 7, et on écrit 7, dans la colonne des dizaines. Puis enfin : 4 et 1, 5 et 3, 8, et on écrit 8 dans la colonne des centaines, ce qui donne pour la somme cherchée : 876.

$$\begin{array}{r}412\\123\\\underline{341}\\876.\end{array}$$

Il peut arriver que la somme des unités d'une colonne surpasse 9. Alors on écrit au-dessous le chiffre des unités et on reporte les dizaines à la colonne suivante. Prenons, par exemple, les nombres : 32758, 4976, 18964, 7695.

$$\begin{array}{r}32758\\4976\\18964\\\underline{7695}\\64393.\end{array}$$

Ces nombres étant disposés comme nous l'avons indiqué plus haut, nous dirons : 8 et 6, 14 et 4, 18 et 5, 23; soit 3 unités et 2 dizaines. Nous écrirons seulement le chiffre 3 au-dessous du trait et nous reporterons les 2 dizaines à la colonne suivante en disant : 2 et 5, 7 et 7, 14 et 6, 20 et 9, 29. Nous écrirons seulement les 9 unités (du deuxième ordre) et nous reporterons les 2 dizaines à la colonne suivante, en disant : 2 et 7, 9 et 9, 18 et 9, 27 et 6, 33; soit, 3 unités (du troisième ordre) que nous écrirons dans la troisième colonne et 3 dizaines que nous reporterons à la colonne suivante, et ainsi de suite.

La marche que nous venons d'indiquer étant applicable à tous les nombres représentant des unités de même espèce, quelle que soit d'ailleurs la nature de ces unités, nous pouvons formuler la règle pratique suivante :

RÈGLE PRATIQUE. *Pour additionner des nombres, on les écrit les uns au-dessous des autres de telle sorte que les unités du* même ordre soient dans la même colonne verticale et on souligne. On forme ensuite successivement la somme des unités contenues dans chaque colonne, en commençant par la droite. Si cette somme ne surpasse pas 9, on l'écrit au-dessous du trait; mais si la somme surpasse 9, on écrit seulement le chiffre des unités et on reporte les dizaines à la colonne suivante.

20. Remarques sur l'addition. — 1° Il est indispensable de commencer l'opération par la droite, si l'on veut que l'addition de chaque colonne fournisse un chiffre du résultat. Dans notre dernier exemple, si nous avions commencé par la gauche, nous aurions dit d'abord : 3 et 1, 4, et nous aurions écrit le chiffre 4. Passant à la colonne suivante : 2 et 4, 6 et 8, 14 et 7, 21 c'est-à-dire 1 unité et 2 dizaines; nous aurions été ainsi obligés de revenir sur nos pas et d'augmenter le chiffre précédent de 2 unités de son ordre; et la même difficulté se serait reproduite aux colonnes suivantes.

2° Lorsqu'on a à faire de longues additions, il importe de simplifier le langage autant que possible. Aussi supprime-t-on dans la pratique un grand nombre de mots. On dit simplement : 8, 14, 18, 23 et on écrit le chiffre 3 ; puis, on continue : 2, 7, 14, 20, 29 et on écrit le chiffre 9 ; puis ensuite : 2, 9, 18, 26, 33 et on écrit le chiffre 3, et ainsi de suite.

3° Lorsqu'une addition est très-longue, on la décompose en plusieurs additions partielles et on réunit ensuite les différents résultats obtenus.

21. Preuve de l'addition. — On appelle *preuve* d'une opération une seconde opération qui sert de contrôle à la première. On peut faire la preuve d'une addition en recommençant l'opération dans un autre ordre. Si la preuve réussit, c'est une forte raison pour croire le résultat exact, mais la certitude n'est évidemment pas complète. Si la preuve ne réussit pas, l'une *au moins* des opérations est défectueuse et il faut recommencer.

CHAPITRE III.

SOUSTRACTION.

22. Définition. Reste, excès ou différence. Signe de la soustraction. — Étant données deux grandeurs de même espèce, on peut se proposer de chercher leur *différence*, c'est-à-dire ce qu'il faut ajouter à la plus petite pour la rendre égale à la plus grande. C'est à cette opération qu'on donne le nom de *soustraction*. Comme les grandeurs sont représentées par des nombres, on définit ainsi la soustraction : *Deux nombres étant donnés, en trouver un troisième qui, ajouté au plus petit, reproduise le plus grand*. Le troisième nombre s'appelle : *reste, excès ou différence*. On voit qu'on peut l'obtenir *en retranchant du plus grand nombre autant d'unités qu'il y en a dans le plus petit*.

Nous ferons remarquer, comme pour l'addition, que la différence des deux nombres est complétement indépendante de la nature des unités qu'ils représentent.

Le signe de la soustration est le signe, — qui s'énonce *moins*. Pour indiquer que 7 doit être retranché de 15, on écrit : $15 - 7$, et on exprime que le résultat est 8 de la manière suivante : $15 - 7 = 8$, ce qui se lit : quinze moins sept est égal à huit.

23. Cas où le plus petit nombre n'a qu'un chiffre et où le plus grand est moindre que le plus petit augmenté de 10. — Le cas le plus simple de la soustraction est celui où le plus petit nombre n'ayant qu'un chiffre, le plus grand ne le surpasse pas de plus de 9 unités. On peut effectuer cette soustraction de deux manières : soit en retranchant successivement du plus grand nombre les unités qui composent le plus petit, soit en cherchant le nombre qu'il faut ajouter au plus petit nombre pour reproduire le plus grand. Supposons, par exemple, qu'on ait à retrancher 4 de 11. On dira dans le premier cas : 11 moins 1, 10 ; 10 moins 1, 9 ; 9 moins 1, 8 ; 8 moins 1, 7 ; le reste est 7. Dans le second cas, on cherche dans sa mémoire ou dans la table d'addition le nombre qu'il faut ajouter à 4 pour obtenir 11 ; on trouve 7. La mémoire aidant, on arrive à dire immédiatement : 11 moins 4, ou 4 de 11, reste 7. Si l'on préfère suivre la deuxième méthode, on dit : 4 et 7, 11 ; le reste est 7.

24. Soustraction de deux nombres quelconques. — Ce premier cas de la soustration étant résolu, on peut opérer la soustraction de deux nombres quelconques. Supposons, par exemple, que du nombre 976 on veuille retrancher 452.

Ces deux nombres peuvent être décomposés de la manière suivante :

Le premier contient : 9 centaines, 7 dizaines et 6 unités ;
Le second,   » 4   »   5   »   et 2   »

Pour effectuer la soustraction, il suffit évidemment de retrancher successivement les différentes parties du nombre inférieur des parties correspondantes du nombre supérieur et de réunir les résultats entre eux. Comme nous savons calculer les différences partielles, nous aurons donc facilement la différence des deux nombres donnés. Pour plus de clarté, on écrit le plus petit nombre au-dessous du plus grand, de telle sorte que les unités du même ordre soient dans une même colonne verticale et on souligne. Puis, on dit en commençant par la droite : 2 de 6 reste 4 qu'on écrit au-dessous du trait dans la première colonne ; 5 de 7 reste 2 qu'on écrit au-dessous du trait dans la deuxième colonne ; puis enfin 4 de 9 reste 3 qu'on écrit au-dessous du trait dans la troisième colonne. La différence est donc 524.

$$\begin{array}{r} 1976 \\ 452 \\ \hline 524 \end{array}$$

Dans cet exemple, chaque chiffre inférieur est plus faible que le chiffre supérieur correspondant, mais cela n'arrive pas toujours. Supposons que du nombre 8274 on ait à retrancher le nombre 3459. Ces deux nombres étant

$$\begin{array}{r} 8274 \\ 3459 \\ \hline 4815 \end{array}$$

disposés comme nous l'avons dit plus haut, on est arrêté immédiatement par une soustraction impossible. On ajoute alors au chiffre supérieur 10 unités de son ordre et l'on dit : 9 de 14 reste 5 qu'on écrit au-dessous du trait; puis, comme on a ajouté 10 unités ou 1 dizaine au nombre supérieur, on ajoute aussi 1 dizaine au nombre inférieur, *ce qui ne trouble pas la différence*, et l'on dit : 6 de 7 reste 1 qu'on écrit au-dessous du trait. Passant à la troisième colonne, on augmente le chiffre supérieur 2 de 10 unités de son ordre et on dit : 4 de 12 reste 8 qu'on écrit au-dessous du trait; puis, comme on a ajouté 10 centaines ou 1 mille au nombre supérieur, on ajoute aussi 1 mille au nombre inférieur et on dit : 4 de 8 reste 4. On a ainsi pour différence : 4815.

La méthode que nous venons de suivre est basée sur le principe suivant qu'on peut admettre sans démonstration : *La différence de deux nombres ne change pas quand on les augmente tous les deux du même nombre d'unités.*

RÈGLE PRATIQUE : *Écrivez le plus petit nombre au-dessous du plus grand et soulignez; puis, en commençant par la droite, retranchez successivement chaque chiffre inférieur du chiffre supérieur correspondant, et écrivez le résultat dans la même*

trop faible de 8 ; il faut donc l'augmenter de 8, ce qui donne : $31 - 20 + 8$; de sorte qu'on peut écrire :

$$31 - (20 - 8) = 31 - 20 + 8.$$

Le raisonnement étant indépendant des nombres choisis, on en conclut que pour retrancher une différence d'un nombre quelconque, il faut retrancher le plus grand nombre et ajouter le plus petit.

CHAPITRE IV.

MULTIPLICATION.

28. Définition. Signe de la multiplication. — On a souvent besoin de répéter une grandeur un certain nombre de fois ; cette opération a été appelée *multiplication*. D'ailleurs, les grandeurs étant représentées par des nombres, on dit en arithmétique : *Multiplier un nombre par un autre, c'est répéter le premier autant de fois qu'il y a d'unités dans le second.* On donne au premier nombre le nom de *multiplicande*, au second celui de *multiplicateur*, et le résultat s'appelle *produit*. Le multiplicande et le multiplicateur se nomment aussi les *facteurs* du produit.

Quand on veut simplement indiquer la multiplication de deux nombres, on écrit le multiplicateur à la droite du multiplicande et on les sépare par le signe × ou par un point. Ces deux signes s'énoncent *multiplié par*. Ainsi, pour indiquer que 12 doit être multiplié par 4, on écrira 12 × 4 ou 12 . 4 et on lira : 12 multiplié par 4 ou plus simplement 12 par 4.

Le produit d'un nombre par un autre pourrait s'obtenir par une addition. S'il s'agit, par exemple, de multiplier 9 par 7, c'est-à-dire de répéter 9, 7 fois, on écrira le nombre 9, 7 fois et en additionnant on aura de produit 63

$$9+9+9+9+9+9+9=63.$$

Mais si le multiplicateur était un peu grand, l'addition deviendrait très longue. Nous allons expliquer comment on peut arriver plus simplement au résultat. Faisons d'abord connaître les produits de deux nombres d'un seul chiffre.

29. Multiplication de deux nombres d'un seul chiffre. Table de multiplication. On peut obtenir les produits de deux nombres d'un seul chiffre par des additions successives. Ces différents produits ont été réunis dans une table qui porte le nom de *table de multiplication* et qu'il est indispensable de savoir par cœur. On forme cette table de la manière suivante :

TABLE DE MULTIPLICATION.

1	2	3	4	5	6	7	8	9
2	4	6	8	10	12	14	16	18
3	6	9	12	15	18	21	24	27
4	8	12	16	20	24	28	32	36
5	10	15	20	25	30	35	40	45
6	12	18	24	30	36	42	48	54
7	14	21	28	35	42	49	56	63
8	16	24	32	40	48	56	64	72
9	18	27	36	45	54	63	72	81

Les neuf premiers nombres étant écrits sur une ligne horizontale, on ajoute chacun de ces nombres à lui-même et on écrit les résultats dans une seconde ligne horizontale. On a ainsi, dans cette deuxième ligne, les neuf premiers nombres répétés *deux* fois, c'est-à-dire les produits des neuf premiers nombres multipliés par 2.

Aux nombres de la deuxième ligne, on ajoute les nombres correspondants de la première et on écrit les résultats dans une troisième ligne horizontale. Chacun des neuf premiers nombres se trouve ainsi répété *trois* fois, de sorte que la troisième ligne contient les produits des neuf premiers nombres multipliés par 3.

Aux nombres de la troisième ligne on ajoute les nombres correspondants de la première et on écrit les résultats dans une quatrième ligne horizontale. Chacun des neuf premiers nombres se trouve ainsi répété *quatre* fois, de sorte que la quatrième ligne contient les produits des neuf premiers nombres multipliés par 4.

On continue de la même manière à ajouter aux nombres de la dernière ligne formée les nombres correspondants de la première, jusqu'à ce qu'on ait formé neuf lignes horizontales. La table contient alors tous les produits de deux nombres d'un seul chiffre.

Lorsqu'on veut avoir, au moyen de cette table, le produit de deux nombres, celui de 7 par 5 par exemple, on prend dans la ligne horizontale qui commence par 5 le nombre qui appartient à la colonne verticale qui commence par 7; on a ainsi 35. En général, le produit de deux nombres se trouve au point de croisement de la colonne verticale et de la colonne horizontale qui commencent par ces deux nombres.

50. Multiplication d'un nombre de plusieurs chiffres par un nombre d'un seul chiffre. Règle. — Soit, par exemple, à multiplier 476 par 5. Puisque cela signifie qu'il faut répéter 476, 5 fois, on arrivera au résultat en additionnant 5 nombres égaux à 476. En faisant l'addition d'après la règle ordinaire on trouve: 2380. Seulement, au lieu de dire: 6 et 6, 12 et 6, 18... etc., on se contente de dire: 5 fois 6, 30, je pose 0 et retiens 3; 5 fois 7, 35 et 3 de retenue, 38, je pose 8 et retiens 3... etc. On voit ainsi qu'il est inutile d'écrire 5 fois le multiplicande; dans la pratique, on écrit le multiplicateur au-dessous du multiplicande, on souligne et on écrit le produit au-dessous du trait :

$$\begin{array}{r} 476 \\ 5 \\ \hline 2380 \end{array}$$

RÈGLE PRATIQUE. — *Pour multiplier un nombre quelconque par un nombre d'un seul chiffre, on multiplie successivement, de droite à gauche, chacun des chiffres du multiplicande par le multiplicateur. On écrit le chiffre des unités de chaque produit partiel et on retient les dizaines pour les réunir au produit suivant.*

31. Multiplication d'un nombre par 10, 100, 1000, etc. — La règle résulte immédiatement des principes établis dans la numération. *Il suffit d'écrire à la droite du multiplicande autant de zéros qu'il y en a dans le multiplicateur.*

32. Multiplication d'un nombre par un autre formé d'un chiffre autre que 1 suivi d'un certain nombre de zéros. — Soit à multiplier 567 par 600. Je dis que pour faire cette multiplication il suffit de multiplier d'abord par 6, puis par 100. En effet, nous savons que 6×100 ou 100 fois 6 font 600, c'est-à-dire que 100 fois une collection quelconque de 6 objets font 600 de ces objets; par exemple, que 100 fois 6 kilogrammes font 600 kilogrammes. De même, 100 fois 6 nombres égaux à 567 donneront 600 nombres égaux à 567. Le même raisonnement pouvant être appliqué à tous les nombres, on en conclut la règle suivante :

RÈGLE. — *Pour multiplier un nombre par un autre formé d'un chiffre significatif suivi d'un certain nombre de zéros, on multiplie le multiplicande par le chiffre significatif et on écrit à la droite du produit autant de zéros qu'il y en a dans le multiplicateur.*

MULTIPLICATION. 23

53. Multiplication de deux nombres quelconques. Règle pratique. Soit, par exemple, à multiplier 98704 par 3089. D'après la définition, il faut répéter le multiplicande 3089 fois. On arrivera donc au résultat en répétant le multiplicande 9 fois, puis 80 fois, puis 3000 fois et en additionnant ensuite ces trois produits *partiels*. Écrivons le multiplicateur au-dessous du multiplicande, soulignons et multiplions d'abord par 9. Nous obtenons le produit partiel 888336 que nous écrivons au-dessous du trait, *de manière que son premier chiffre à droite soit au-dessous du chiffre 9 du multiplicateur.*

```
    98704
     3089
   ------
   888336
   789632
   296112
  --------
  304896656
```

Répétons maintenant le multiplicande 80 fois. Pour cela, nous savons qu'il faut le multiplier par 8, puis mettre un zéro à la droite du produit, ce qui revient à le considérer comme exprimant des dizaines. Nous écrirons donc ce second produit partiel 789632, en plaçant son premier chiffre 2 dans la colonne des dizaines.

Répétons enfin le multiplicande 3000 fois. Pour cela, nous le multiplierons par 3, et au lieu d'écrire trois zéros à la droite du produit, ce qui revient à le considérer comme exprimant des mille, nous écrirons ce troisième produit partiel : 296112, en plaçant son premier chiffre 2 dans la colonne des mille.

Additionnant les trois produits partiels, nous obtenons le produit : 304896656.

Ce raisonnement étant général et complétement indépendant de la valeur particulière des nombres sur lesquels nous avons opéré, on en conclut la règle suivante :

RÈGLE PRATIQUE. — *Pour multiplier deux nombres quel-*

conques, on écrit le multiplicateur au-dessous du mulplicande et on souligne ; puis, on multiplie le multiplicande successivement par chacun des chiffres du multiplicateur, en ayant soin d'écrire le premier chiffre de chaque produit partiel sous le chiffre correspondant du multiplicateur; on souligne les produits partiels et on les ajoute.*

Appliquons cette règle à la multiplication de 780945 par 30709.

```
      780945
       30709
     ───────
     7028505
     5466615
     2342835
   ─────────
   23982040005
```

54. Multiplication de deux nombres terminés par des zéros. — 1° Dans le cas où le multiplicateur est terminé par des zéros, on multiplie, abstraction faite des zéros, et on écrit ensuite à la droite du produit autant de zéros qu'il y en a à la droite du multiplicateur. La démonstration est la même que celle qui a été donnée au numéro **52**.

2° Si le multiplicande est terminé par des zéros, on multiplie encore, abstraction faite des zéros, et on les rétablit à la droite du produit. Soit, par exemple, à multiplier 13500 par 18. Le multiplicande représente 135 centaines. Or, pour répéter 135 centaines 18 fois, il suffit évidemment de multiplier 135 par 18 et d'indiquer que le produit exprime des centaines, ce qui se fait en écrivant deux zéros à sa droite.

3° On conclut facilement de ce qui précède, que si le multiplicande et le multiplicateur sont tous les deux terminés par des zéros, il faut faire la multiplication *en négligeant les zéros qui se trouvent à la droite des deux facteurs, et les rétablir ensuite à la droite du produit.*

EXEMPLE : Multiplier 13500 par 180.

Puisque $135 \times 18 = 2430$,

on aura donc : $13500 \times 180 = 2430000$.

35. Quand on augmente le multiplicande ou le multiplicateur, le produit augmente ; quand on diminue le multiplicande ou le multiplicateur, le produit diminue. — La démonstration de ces *théorèmes* résulte de la définition même de la multiplication. Si l'on augmente ou diminue le multiplicande sans faire varier le multiplicateur, on répète le *même nombre de fois* un nombre plus grand ou plus petit. Le produit est donc plus grand ou plus petit.

Supposons qu'on rende le multiplicande un certain nombre de fois plus grand, *quatre fois plus grand*, par exemple ; je dis que le produit sera *quatre fois plus grand*. En effet, on devra répéter le même nombre de fois un nombre quatre fois plus grand ; le résultat sera donc quatre fois plus grand. Qu'on rende, au contraire, le multiplicande cinq fois plus petit, par exemple, le produit sera cinq fois plus petit, car on devra répéter le même nombre de fois un nombre cinq fois plus petit.

De même, si l'on augmente ou diminue le multiplicateur sans faire varier le multiplicande, on répète celui-ci un plus grand nombre de fois ou un moins grand nombre de fois ; le produit est donc encore plus grand ou plus petit.

Supposons qu'on rende le multiplicateur un certain nombre de fois plus grand ou plus petit, six fois par exemple ; le produit deviendra six fois plus grand ou plus petit. En effet, ce sera le même nombre qu'on répétera un nombre de fois six fois plus grand ou plus petit.

36. Le produit renferme autant de chiffres qu'il y en a au multiplicande et au multiplicateur, ou autant moins un. — Supposons, par exemple, qu'on ait à multiplier un nombre de 4 chiffres par un nombre de 3 chif-

28 ÉLÉMENTS D'ARITHMÉTIQUE.

fres ; je dis que le produit aura 7 chiffres au moins et 8 au plus. En effet, le multiplicande ayant 5 chiffres se trouve compris entre 10000 et 100000 qui sont : le premier, le plus petit nombre de 5 chiffres, et l'autre le plus petit nombre de 6 chiffres. Le multiplicateur qui a 3 chiffres est compris entre 100 et 1000, qui sont : le premier, le plus petit nombre de 3 chiffres et le second, le plus petit nombre de 4 chiffres. Le produit cherché sera donc nécessairement compris (n° 55) entre

$$10000 \times 100 = 1000000 \text{ et } 100000 \times 1000 = 100000000,$$

c'est-à-dire entre le plus petit nombre de 7 chiffres et le plus petit nombre de 9 chiffres. Il y aura donc 7 chiffres au moins et 8 chiffres au plus ; ce qu'il fallait démontrer.

37. Remarque générale sur la multiplication. — Dans la multiplication, le multiplicande est généralement *concret*, mais le multiplicateur est toujours un nombre *abstrait*, qui indique combien de fois il faut répéter le multiplicande. Exemple : on sait que le kilogramme d'une marchandise coûte 25 francs ; combien coûteront 7 kilogrammes ? On dira : puisque 1 kilogramme coûte 25 francs, 7 kilogrammes coûteront 7 fois plus ou 7 *fois* 25 *francs*. Il faut donc multiplier 25 par le nombre abstrait 7 et *non pas par* 7 *kilogrammes*.

38. Le produit de deux nombres ne change pas, quelque soit celui des deux qu'on prenne pour multiplicande ou pour multiplicateur. — Preuve de la multiplication. — On peut, dans un produit de deux facteurs, intervertir l'ordre des deux facteurs. Je dis, par exemple, que : $5 \times 8 = 8 \times 5$. En effet, pour prendre 8 fois 5, il faut répéter 8 fois chacune des unités dont se compose 5, ce qui donne : $8+8+8+8+8$, c'est-à-dire 5 fois 8 ou 8×5.

Un kilogramme de marchandise coûtant 4 francs, on demande ce que coûteront 16 kilogrammes. Nous avons

MULTIPLICATION.

à répéter 4 francs 16 fois. Mais répéter 4 francs 16 fois, c'est prendre 16 fois chacune des unités dont se compose le nombre 4, ce qui donne : $16^f + 16^f + 16^f + 16^f$, c'est-à-dire 4 fois 16 francs, ou $16 \times 4 = 64$ francs.

On peut profiter de ce principe pour simplifier les calculs, en prenant le plus petit des deux nombres pour multiplicateur.

On peut aussi en profiter pour faire la preuve de la multiplication. En effet, si on recommence l'opération en prenant pour multiplicande le multiplicateur de la première et pour multiplicateur le multiplicande de la première, on doit obtenir le même produit dans les deux cas.

59. Le produit de plusieurs facteurs ne change pas quand on intervertit l'ordre des deux derniers. — Il est d'abord évident qu'il suffit de démontrer le théorème pour le cas de trois facteurs. En effet, si nous prenons le produit : $3 \times 7 \times 4 \times 6$, il faut commencer par multiplier 3 par 7, puis le produit obtenu par 4. Le produit 3×7 peut donc être regardé comme effectué, et il suffira ainsi de démontrer qu'on a : $21 \times 4 \times 6 = 21 \times 6 \times 4$.

Or, si l'on écrit 21 quatre fois sur une ligne verticale, il suffira de faire la somme de ces quatre nombres pour avoir *une* fois le produit de 21 par 4 ; si l'on écrit deux lignes semblables et qu'on fasse la somme des nombres contenus dans ces deux lignes, on aura *deux* fois le produit de 21 par 4 ; écrivant *six* lignes semblables et faisant la somme, on aura *six* fois le produit de 21 par 4, c'est-à-dire $21 \times 4 \times 6$.

21 21 21 21 21 21
21 21 21 21 21 21
21 21 21 21 21 21
21 21 21 21 21 21

Au lieu de compter par lignes verticales, comptons par lignes horizontales, ce qui reviendra nécessairement au même. Nous aurons d'abord *une* fois le produit de 21 par 6, puis *deux* fois, puis *trois* fois, puis *quatre* fois, c'est-à-dire $21 \times 6 \times 4$. Donc on a

$$21 \times 4 \times 6 = 21 \times 6 \times 4.\ \text{C. Q. F. D.}$$

40. Le produit de plusieurs facteurs ne change pas quand on intervertit l'ordre de deux facteurs consécutifs quelconques. — Ainsi, je dis qu'on a

$$3 \times 7 \times \underline{4 \times 8} \times 5 \times 9 = 3 \times 7 \times \underline{8 \times 4} \times 5 \times 9.$$

En effet, on sait, d'après le théorème précédent, que

$$3 \times 7 \times 4 \times 8 = 3 \times 7 \times 8 \times 4.$$

Puisque le produit des quatre premiers facteurs reste le même dans les deux cas, les deux produits définitifs sont donc égaux.

41. On peut intervertir d'une manière quelconque l'ordre des facteurs d'un produit. — En effet, il résulte du théorème précédent qu'on peut prendre un facteur et lui faire occuper successivement tous les rangs qu'on voudra dans le produit donné.

42. Pour multiplier un nombre par un produit de plusieurs facteurs, il suffit de multiplier successivement par les facteurs du produit. — Ainsi, je dis qu'on a

$$57 \times 48 = 57 \times 2 \times 4 \times 6.$$

En effet, on a

$$57 \times 48 = 48 \times 57.$$

Mais, puisque $48 = 2 \times 4 \times 6$, on peut remplacer 48×57 par $2 \times 4 \times 6 \times 57$. Car, pour effectuer ce dernier produit, tel qu'il est écrit, il faut commencer par multiplier 2 par 4, puis le produit par 6 ce qui donnera 48 qu'on multipliera enfin par 57. Nous pouvons donc écrire

$$48 \times 57 = 2 \times 4 \times 6 \times 57.$$

Mais, dans ce dernier produit, on peut intervertir à volonté l'ordre des facteurs et écrire : $57 \times 2 \times 4 \times 6$. On a donc cette suite de transformations

$$57 \times 48 = 48 \times 57 = 2 \times 4 \times 6 \times 57 = 57 \times 2 \times 4 \times 6,$$

ce qui démontre bien le théorème énoncé.

43. Dans un produit de plusieurs facteurs, on peut combiner les facteurs à volonté. — Je dis qu'on a

$$7 \times 9 \times 5 \times 3 \times 6 \times 8 = (5 \times 6 \times 9) \times (3 \times 8) \times 7.$$

En effet, on a d'abord (n° 41)

$$7 \times 9 \times 5 \times 3 \times 6 \times 8 = 5 \times 6 \times 9 \times 3 \times 8 \times 7.$$

Or, cette dernière écriture indique qu'il faut d'abord effectuer le produit $5 \times 6 \times 9$, ce qui permet d'écrire :

$$(5 \times 6 \times 9) \times 3 \times 8 \times 7.$$

Mais, au lieu de multiplier successivement par 3 et par 8, on peut multiplier par leur produit effectué. On aura donc enfin :

$$(5 \times 6 \times 9) \times (3 \times 8) \times 7. \quad \text{C. Q. F. D.}$$

Il résulte de ce théorème que lorsque les facteurs d'un produit sont terminés par des zéros, on peut faire la multiplication abstraction faite des zéros, sauf à les rétablir à la droite du produit.

Supposons, par exemple, qu'il s'agisse du produit

$$5700 \times 3000 \times 240.$$

On peut d'abord l'écrire de la manière suivante

$$(57 \times 100) \times (3 \times 1000) \times (24 \times 10)$$

puis, en appliquant le théorème précédent,

$$(57 \times 3 \times 24) \times 1000000 = 4104000000.$$

44. Pour multiplier un produit par un nombre, il suffit de multiplier un des facteurs du produit par ce nombre. — Par exemple, 132 étant égal à

$$6 \times 11 \times 2,$$

je dis qu'on aura

$$132 \times 4 = 6 \times (11 \times 4) \times 2.$$

En effet, on a

$$132 \times 4 = 6 \times 11 \times 2 \times 4.$$

Mais, d'après le théorème précédent, on peut combiner les facteurs à volonté. Donc

$$6 \times 11 \times 2 \times 4 = 6 \times (11 \times 4) \times 2$$

et par suite

$$132 \times 4 = 6 \times (11 \times 4) \times 2. \qquad \text{C. Q. F. D.}$$

45. Puissance d'un nombre; exposant. Carré et cube. — On appelle *puissance* d'un nombre le produit de plusieurs facteurs égaux à ce nombre; *l'ordre* de la puissance est indiqué par le *nombre* des facteurs. Ainsi 7×7 est la deuxième puissance de 7; $7 \times 7 \times 7$ est la troisième puissance; $7 \times 7 \times 7 \times 7$ est la quatrième, etc... La seconde et la troisième puissance portent le nom de *carré* et de *cube*.

Pour simplifier l'écriture, on n'écrit le nombre qu'une fois et on place à sa droite et un peu au-dessus de lui un nombre qu'on appelle *exposant* et qui indique l'ordre de la puissance. Ainsi, au lieu d'écrire : $7 \times 7 \times 7 \times 7$, on écrit : 7^4. De même, 6^5 représente $6 \times 6 \times 6 \times 6 \times 6$ ou la cinquième puissance de 6.

46. Règle pour multiplier entre elles les puissances d'un même nombre. Pour multiplier entre elles les puissances d'un même nombre, on ajoute les exposants. Ainsi, je dis que $7^4 \times 7^6 = 7^{10}$.

MULTIPLICATION.

En effet,

$$7^6 = 7\times 7\times 7\times 7\times 7\times 7 \text{ et } 7^4 = 7\times 7\times 7\times 7.$$

Donc

$$7^6 \times 7^4 = (7\times 7\times 7\times 7\times 7\times 7)\times(7\times 7\times 7\times 7),$$

ou plus simplement

$$7\times 7\times 7\times 7\times 7\times 7\times 7\times 7\times 7\times 7,$$

en remarquant qu'au lieu de multiplier par le produit effectué $(7\times 7\times 7\times 7)$ on peut multiplier successivement par chaque facteur.

On a donc

$$7^6 \times 7^4 = 7\times 7\times 7\times 7\times 7\times 7\times 7\times 7\times 7\times 7 = 7^{10}.$$

C. Q. F. D.

CHAPITRE V.

DIVISION.

47. Définition de la division. Dividende et diviseur. On a souvent à partager une longueur, une somme, un poids... en un certain nombre de parties égales. Cette opération porte le nom de *division*, et comme les grandeurs sont représentées par des nombres, on dit en arithmétique : *Diviser un nombre par un autre, c'est partager le premier en autant de parties égales qu'il y a d'unités dans le second*. Aussi, a-t-on appelé le premier *dividende* et le second *diviseur*.

48. Différentes manières d'envisager la division. Quotient. — Supposons, par exemple, qu'il s'agisse de partager 42 fr. également entre 6 personnes. Si l'on connaissait une des parts, il est évident qu'en la répétant 6 fois, on devrait reproduire la somme à partager. La table de multiplication nous apprend immédiatement, dans ce cas très-simple, que chaque personne aura 7 fr. Nous voyons en même temps qu'on peut dire d'une manière générale : *Diviser un nombre par un autre, c'est chercher un troisième nombre qui, multiplié par le second, reproduise le premier*.

Mais si l'on a $42 = 7 \times 6$, on peut dire aussi : $42 = 6 \times 7$, ce qui signifie que 42 se compose de la somme de 7 nombres égaux à 6, ou, plus simplement, que le dividende 42 contient le diviseur 6, *sept* fois. On est ainsi conduit à dire que diviser un nombre par un autre, *c'est chercher combien de fois le premier contient le second*. De là vient la dénomination de *quotient* attribuée au troisième nombre.

49. La division peut s'effectuer par une série de soustractions. — Nous venons de voir que diviser 42 par 6, c'est chercher combien de fois 6 est contenu dans 42. Or, si l'on retranche 6 de 42, puis du premier reste 36, puis du second reste 30, etc..., autant de fois que cela sera possible, il est clair que le nombre des soustractions ainsi effectuées nous donnera le quotient.

50. Du reste de la division. Supposons qu'on demande de partager 46 fr. également entre 6 personnes. Si l'on donne 7 fr. à chaque personne, il restera encore 4 fr. après le partage. On voit d'ailleurs qu'il est impossible de donner 8 fr. à chaque personne, car 8 fr. répétés 6 fois donnent 48 francs, ce qui est plus grand que la somme à partager. Ce reste 4 est ce qu'on appelle le *reste de la division*.

Il est donc impossible de dire ici qu'on a pour but de chercher un nombre qui, multiplié par le second, reproduise le premier; mais on peut dire, et ce sera une définition générale : *Qu'on cherche un nombre qui, multiplié par le second, donne le plus grand produit de ce second nombre contenu dans le premier*. La différence entre le dividende et ce plus grand produit est précisément le reste de la division. Quant à la troisième définition, elle est toujours applicable, que le partage exact soit ou non possible. Ainsi, en retranchant successivement 6 de 46, puis du premier reste, etc., on verra qu'il y a *sept* soustractions possibles. Mais au lieu d'arriver au reste zéro, comme dans le premier exemple, on obtient pour dernier reste 4; c'est le reste de la division. Remarquons que le reste est toujours moindre que le diviseur.

51. Cas où le diviseur n'a qu'un chiffre, le dividende étant moindre que dix fois le diviseur. — On reconnaît que le dividende est moindre que dix fois le diviseur, lorsqu'en mettant un zéro à la droite du diviseur, on obtient un nombre plus grand que le dividende.

Pour faire la division dans ce cas, il suffit d'avoir recours à la table de multiplication. Si l'on a, par exemple, 53 à diviser par 8, on voit immédiatement que le quotient est 6, car 6 répété 8 fois donne le nombre 48 inférieur à 53, tandis que 7 répété 8 fois donne le nombre 56 supérieur à 53. Le reste de l'opération est 5. Dans ce cas trèssimple, il est inutile de donner une disposition particulière à l'opération.

On énonce ordinairement le résultat de la division de la manière suivante : Le huitième de 53 est 6 pour 48 et il reste 5.

52. Cas où le diviseur a plusieurs chiffres, le dividende étant moindre que dix fois le diviseur. Disposition de l'opération. — Proposons-nous, par exemple, de diviser 5348 par 897, c'est-à-dire de trouver le nombre qui, multiplié par 897, donne le plus grand produit de 897 contenu dans le dividende. Nous savons d'avance que le nombre cherché est formé d'*un seul* chiffre. Or, si nous multiplions successivement le diviseur par 9, par 8, par 7, par 6, nous trouverons des produits plus grands que le dividende, tandis qu'en le multipliant par 5, nous aurons pour produit 4485, qui est inférieur au dividende. Nous en concluons que 5 est le quotient, et une soustraction nous apprend que le reste de la division est 863.

On peut diminuer le nombre des essais en cherchant combien de fois les plus hautes unités du diviseur sont contenues dans les unités du même ordre du dividende, ce qui ramène au cas précédent. Ainsi, dans notre exemple, puisque les 8 centaines du diviseur ne sont contenues que 6 fois dans les 53 centaines du dividende, il est évident, à *priori*, que le quotient est au plus égal à 6.

On écrit généralement le diviseur à la droite du dividende, en les séparant par un trait vertical. On place le

DIVISION.

quotient au-dessous du diviseur en les séparant par un trait horizontal. On écrit le produit du diviseur par le quotient au-dessous du dividende, on souligne ce produit et l'on place enfin le reste au-dessous du trait :

```
5348 | 897
4485 | 5
 863
```

Lorsque le dividende et le diviseur renferment un grand nombre de chiffres, on évite souvent une perte de temps en commençant les essais par la gauche. Si l'on a, par exemple, à diviser 513276 par 89764, on voit que les 8 dizaines de mille du diviseur sont contenues 6 fois dans les 51 dizaines de mille du dividende. Mais, si l'on répète 89 mille 6 fois, on a 534 mille, tandis que le dividende n'en contient que 513 ; le chiffre 6 est donc trop fort. On dit dans la pratique : 6 fois 8.... 48 ; de 51 reste 3. 6 fois 9.... 54 ; de 33, la soustraction est impossible. On essaye alors le chiffre 5.

```
513276 | 89764
448820 | 5
 64456
```

Ordinairement, on calcule le reste à mesure qu'on fait le produit du diviseur par le quotient, de la manière suivante.

5 fois 4, 20 : de 26 reste 6 et je retiens 2.

5 fois 6, 30 et 2 de retenue 32 : de 37, reste 5 et je retiens 3.

5 fois 7, 35 et 3 de retenue 38; de 42, reste 4 et je retiens 4.... etc.

L'opération est alors disposée comme il suit :

```
513276 | 89764
 64456   5
```

REMARQUE. — La manière dont nous avons opéré est

38   ÉLÉMENTS D'ARITHMÉTIQUE.

évidemment indépendante de l'ordre et de l'espèce des unités représentées par le dividende. Si l'on a 384 à partager en 89 parties égales, on pourra donner 4 unités à chaque part et il en restera 28 après le partage. Que ces unités soient du premier, du second ou du troisième ordre, on aura toujours le même quotient et le même reste, *celui-ci exprimant bien entendu des unités de même ordre que le dividende.*

Si l'on avait 384 pièces de *un* franc à partager également entre 89 personnes, chaque personne aurait donc 4 pièces de *un* franc, et il en resterait 28 après le partage. Si l'on avait 384 pièces de *dix* francs à partager également entre 89 personnes, chaque personne aurait 4 pièces de *dix* francs et il resterait 28 pièces de *dix* francs après le partage, etc.

55. Division de deux nombres quelconques. Disposition de l'opération. Règle pratique. — Proposons-nous de diviser 192857 par 586, c'est-à-dire de partager 192857 en 586 parties égales. Il est évident qu'on ne peut donner 1 mille à chaque part, car un mille répété 586 fois donnerait 586 mille, tandis qu'on en a seulement 192 au dividende. Mais on pourra donner au moins 1 centaine à chaque part, car une centaine répétée 586 fois donne un nombre plus petit que le dividende. De cette remarque, on conclut la règle pratique suivante :

Prenez à la gauche du dividende assez de chiffres pour former un nombre qui contienne au moins une fois et au plus neuf fois le diviseur. Le premier chiffre de gauche du quotient sera de même ordre que le dernier chiffre à droite du nombre ainsi séparé.

Je vais maintenant prouver que si l'on cherche combien de fois les 1928 centaines du dividende contiennent le diviseur, on aura le chiffre des centaines du quotient. En faisant cette division d'après la règle établie (n° 52) on trouve, ainsi que l'indique l'opération faite à côté, qu'on peut donner 3 centaines à chaque part et qu'il en reste 170 après le partage.

```
1928 cent. | 586
    170    | 3
```

Je dis que 3 est le chiffre des centaines du quotient. En effet, l'opération que nous venons de faire prouve que 3 centaines répétées 586 fois donnent moins de 1928 centaines; on est donc certain qu'en multipliant 3 centaines par le diviseur, le produit sera inférieur au dividende qui contient 1928 centaines et un certain nombre d'unités. D'un autre côté, 4 centaines répétées 586 fois donnent plus de 1928 centaines. Donc le produit de 4 centaines par le diviseur sera au moins égal à 1929 centaines et par conséquent plus grand que le dividende.

Ainsi, 3 centaines répétées 586 fois donnent moins que le dividende, tandis que 4 centaines répétées 586 fois forment un nombre plus grand que le dividende; il y a donc 3 centaines au quotient et pas davantage. Par conséquent, en divisant les centaines du dividende par le diviseur, on a le chiffre des centaines du quotient; d'ailleurs, le raisonnement étant indépendant de l'ordre particulier des unités, nous n'aurons plus désormais qu'à appliquer le principe sans être obligé de répéter la démonstration.

Ajoutons aux 170 centaines du reste les 57 unités du dividende, nous aurons en tout 17057 unités. Or, nous savons maintenant qu'en divisant les 1705 dizaines de ce nombre par 586, nous aurons le chiffre des dizaines du quotient. En appliquant la règle connue, nous trouverons qu'on peut donner 2 dizaines à chaque part et qu'il en reste encore 533 après le partage, ainsi que l'indique l'opération faite à coté.

```
1705 dizaines | 586
     533      | 2
```

Joignant enfin aux 533 dizaines du reste les 7 unités que nous avons laissées de côté, nous ferons cette troisième division partielle et nous trouverons qu'on peut donner 9 unités à chaque part et qu'il en reste encore 63 après le partage.

$$\begin{array}{r|l} 5337 & 586 \\ 63 & 9 \end{array}$$

Chaque part se compose donc de 3 centaines, de 2 dizaines et 9 unités. Le quotient est donc 329, et on a pour reste 63.

Au lieu de séparer les trois *divisions partielles*, on les rapproche dans la pratique, afin qu'on puisse embrasser d'un seul coup d'œil la série des opérations. On voit, en effet, après avoir fait la première division sur place, que le second *dividende partiel* se forme en abaissant à côté du reste le chiffre suivant du dividende. De même, on forme le troisième dividende partiel en abaissant à côté du second reste le chiffre suivant du dividende. L'opération se trouve alors disposée de la manière suivante :

$$\begin{array}{r|l} 192857 & 586 \\ 1705 & 329 \\ 5337 & \\ 63 & \end{array}$$

La règle pratique ressort des considérations précédentes, le même raisonnement pouvant être appliqué à des nombres quelconques.

Règle pratique. *Prenez à la gauche du dividende assez de chiffres pour former un nombre qui contienne le diviseur au moins une fois et au plus neuf fois; vous avez ainsi le premier dividende partiel qui, divisé par le diviseur, donne le premier chiffre du quotient. Multipliez le diviseur par ce chiffre et retranchez le produit du premier dividende partiel. A côté du reste, abaissez le chiffre suivant du dividende et vous avez ainsi le second dividende partiel qui, divisé par le diviseur, donne le second chiffre du quotient. Multipliez le diviseur par ce chiffre et retranchez le produit du second divi-*

dende partiel. A côté du reste, abaissez le chiffre suivant du dividende et opérez sur ce dividende comme sur les précédents.

54. Cas où un dividende partiel est moindre que le diviseur. Nombre des chiffres du quotient.

Chaque dividende partiel fournit un chiffre du quotient, de sorte qu'il y a autant de chiffres au quotient que de dividendes partiels. S'il arrive qu'un de ces dividendes soit moindre que le diviseur, le chiffre correspondant du quotient est 0.

Exemple. Diviser 16904 par 158. Nous nous contentons d'indiquer la disposition de l'opération :

```
16904 | 158
 1104 | 106
  156
```

Nous venons de dire que le nombre des chiffres du quotient est égal à celui des dividendes partiels. Le nombre des chiffres du premier dividende partiel peut être égal au nombre des chiffres du diviseur ou le surpasser d'une unité. Dans le premier cas, le nombre des chiffres du quotient sera égal à *l'excès plus un* du nombre des chiffres du dividende sur le nombre des chiffres du diviseur; dans le second cas, il sera égal à cet excès lui-même. Ainsi, en divisant un nombre de 10 chiffres par un nombre de 4 chiffres, on peut avoir ou 7 chiffres ou 6 chiffres au quotient, suivant que le premier dividende partiel aura 4 ou 5 chiffres.

55. Cas où le quotient renferme un grand nombre de chiffres. Lorsque le dividende et le diviseur renferment un grand nombre de chiffres et que le quotient doit être formé lui-même d'un grand nombre de chiffres, on commence par calculer les produits successifs du diviseur par les neuf premiers nombres; les différents chiffres du quotient et les restes consécutifs se calculent plus facilement à l'aide de ce tableau.

EXEMPLE : Diviser 14105364603702 par 495678.

Tableau des produits du diviseur par 1, 2, 3...... 9.

```
1 ................ 495678
2 ................ 991356
3 ................ 1487034
4 ................ 1982712
5 ................ 2478390
6 ................ 2974068
7 ................ 3469746
8 ................ 3965424
9 ................ 4461102
```

Ces produits une fois calculés, on dispose son opération d'après les règles précédemment établies et on procède de la même manière. Seulement, il suffit de regarder quel est le plus grand produit contenu dans un dividende partiel pour avoir immédiatement le chiffre correspondant du quotient.

```
14105364603702 | 495678
 991356        | 28456709
 4191804
 3965424
  2263806
  1982712
   2810940
   2478390
    3325503
    2974068
     3514357
     3469746
      4461102
      4461102
            0
```

DIVISION.

56. Cas où le dividende et le diviseur sont terminés par des zéros. — Lorsque le dividende et le diviseur sont terminés par des zéros, on supprime de part et d'autre le même nombre de zéros. Cette suppression ne change pas le quotient, mais s'il y a un reste, on doit rétablir à sa droite autant de zéros qu'on en a supprimé dans le dividende. Exemple : soit à diviser 396500 par 29000. On peut dire qu'on a à chercher combien de fois les 290 centaines du diviseur sont contenues dans les 3965 centaines du dividende, ce qui revient à chercher combien de fois 3965 contient 290. La suppression d'un même nombre de zéros de part et d'autre n'altère donc pas le quotient.

```
396500 | 29000
  1065 | 13
 19500
```

La division faite, on trouve 13 pour quotient et 195 pour reste. Mais *le reste exprimant toujours des unités de même ordre que le dividende* représente ici des centaines. Il faut donc rétablir à sa droite les deux zéros supprimés au dividende.

57. Cas où le diviseur n'a qu'un seul chiffre. — Lorsque le diviseur n'a qu'un seul chiffre, on se dispense d'écrire les restes successifs. Soit, par exemple, à diviser 5678094 par 8. On dira : Le huitième de 56 est 7 ; le huitième de 7 est 0 ; le huitième de 78 est 9 pour 72, reste 6 ; le huitième de 60 est 7 pour 56, reste 4 ; le huitième de 49 est 6 pour 48, reste 1 ; le huitième de 14 est 1 pour 8, reste 6.

```
5678094 | 8
      6 | 709761
```

58. Preuve de la multiplication par la division et de la division par la multiplication. — Nous avons vu que la division a pour but de trouver un nombre qui, multiplié par le diviseur, donne le plus grand produit de ce diviseur contenu dans le dividende. Si la division se fait sans reste, c'est que le dividende est égal au produit du diviseur par le quotient. On peut donc dire dans ce cas que la division a pour but: *Étant donné un produit et l'un de ses facteurs, de trouver l'autre facteur*, ce qui permet de faire la preuve de la multiplication par la division. Inversement, la multiplication peut servir de preuve à la division, car en ajoutant le reste au produit du diviseur par le quotient, on doit reproduire le dividende.

59. Du quotient par défaut et du quotient par excès. — Lorsque la division ne se fait pas exactement, le dividende se trouve compris entre le produit du diviseur par le quotient et le produit du diviseur par le quotient augmenté d'une unité. On a donc ainsi deux nombres entiers consécutifs tels que le produit du diviseur par le plus petit est moindre que le dividende, tandis que le produit du diviseur par le plus grand est supérieur au dividende. Le premier de ces nombres est le *quotient par défaut*, et l'autre le *quotient par excès*. L'un ou l'autre représente le *quotient à l'unité près*.

Prenons un exemple pour nous faire mieux comprendre: 9 kilogrammes de marchandise ayant coûté 57 francs, quel est le prix du kilogramme? Si nous connaissions ce prix, en le répétant 9 fois, nous devrions retrouver le prix total; nous aurons donc le prix du kilogramme en divisant 57 par 9. Nous trouvons pour quotient 6, et pour reste 3. Le kilogramme a donc coûté plus de 6 francs, mais il a coûté moins de 7 francs. On peut dire que 6 ou 7 représente le prix du kilogramme, à l'unité près, le premier par défaut et le second par excès.

La différence entre le dividende et le produit du diviseur par le quotient 6 est 3; c'est le reste de la division dans laquelle on prend le quotient par défaut. L'excès du produit du diviseur par le quotient 7 sur le dividende est 6; c'est le reste de la division quand on prend le quotient par excès. On vérifie aisément que *la somme des deux restes est égale au diviseur*. C'est là un fait général

DIVISION.   45

qu'on peut établir de la manière suivante, par un raisonnement indépendant de la valeur particulière des nombres sur lesquels nous avons opéré.

La première division donne : $57 = 9 \times 6 + 3$. La seconde division donne : $9 \times 7 = 57 + 6$. Si nous ajoutons ces deux égalités membre à membre, il y aura encore égalité. Mais on peut supprimer, de part et d'autre, d'abord 57 et ensuite 9×6. Il reste alors : $9 = 3 + 6$. *Le diviseur est donc égal à la somme des deux restes.* Cette remarque sert, dans la pratique, à calculer immédiatement le second reste quand on connaît le premier; il suffit en effet de retrancher celui-ci du diviseur. Par exemple, si l'on divise 360 par 96, on trouve pour quotient 3 et pour reste 72. Si l'on prenait le quotient par excès 4, le nouveau reste serait : $96 - 72 = 24$.

60. Dans une division qui se fait exactement, si on multiplie ou divise le dividende par un nombre, le quotient est multiplié ou divisé par ce nombre. — Puisque la division se fait sans reste, on peut dire que le dividende représente une somme à partager, le diviseur le nombre des parts et le quotient la valeur de chaque part. Or, si la somme à partager devient deux, trois.... fois plus grande ou plus petite, sans que le nombre des parts soit changé, il est clair que la valeur de chaque part deviendra en même temps deux, trois.... fois plus grande ou plus petite.

61. Dans une division qui se fait exactement, si on multiplie ou divise le diviseur par un nombre, le quotient est divisé ou multiplié par ce nombre. — Dans cette nouvelle hypothèse, la somme à partager est invariable, mais le nombre des parts devient deux, trois.... fois plus grand ou plus petit. Chaque part sera donc en même temps deux, trois.... fois plus petite ou plus grande.

62. Dans une division qui se fait exactement, si on

multiplie ou divise le dividende et le diviseur par un même nombre, le quotient ne change pas. — La première division étant effectuée, rendons notre dividende seul un certain nombre de fois plus grand ou plus petit, quatre fois par exemple. Le second quotient sera quatre fois plus grand ou plus petit que le premier (n° 60). Rendons maintenant le diviseur quatre fois plus grand ou plus petit; le troisième quotient sera quatre fois plus petit ou plus grand que le second. Le premier et le troisième quotient sont donc égaux.

63. Lorsqu'on multiplie ou divise le dividende et le diviseur par un même nombre et qu'il y a un reste, le quotient ne change pas, mais le reste est multiplié ou divisé par le nombre. — En effet, le reste n'est autre chose que la différence entre le dividende et le produit du diviseur par le quotient. Supposons qu'on rende le dividende et le diviseur cinq fois plus grands ou plus petits, par exemple; le produit du diviseur par le quotient deviendra aussi cinq fois plus grand ou plus petit (n° 55). Le dividende, d'une part, et le produit du diviseur par le quotient, d'autre part, devenant cinq fois plus grands ou plus petits, leur différence, c'est-à-dire le reste, sera donc cinq fois plus grande ou plus petite. D'ailleurs le quotient n'aura subi aucune modification.

64. Pour diviser un produit par un nombre, il suffit de diviser un des facteurs du produit par ce nombre. — Exemple : $792 = 11 \times 18 \times 4$. Je dis que, pour diviser 792 par 9, il suffira de diviser le facteur 18 par 9, c'est-à-dire que le quotient sera : $11 \times 2 \times 4$. En effet, quel est le caractère du quotient? C'est que, multiplié par le diviseur, il reproduise le dividende. Or, pour multiplier le produit $11 \times 2 \times 4$ par 9, il suffit de multiplier un des facteurs par 9, 2 par exemple, ce qui donne bien $11 \times 18 \times 4$, c'est-à-dire 792.

65. Pour diviser un nombre par un produit effectué

de plusieurs facteurs, il suffit de diviser successivement par chacun des facteurs du produit. — Le théorème est vrai, que les divisions se fassent ou non avec reste. Nous le démontrerons seulement dans le cas où les divisions se font exactement.

Soit $168 = 4 \times 7 \times 6$. Je dis que pour diviser 2856 par 168, on pourra diviser d'abord par 4, puis le quotient par 7, puis le nouveau quotient par 6. Il serait facile de vérifier que les deux résultats sont identiques. Mais cette sorte de *preuve expérimentale* ne saurait suffire en arithmétique où il n'y a véritablement *démonstration* que lorsque le raisonnement est indépendant de la valeur particulière des nombres sur lesquels on opère.

Le quotient de la division de 2856 par 168 est 17. On a donc : $2856 = 168 \times 17$ ou, ce qui revient au même, $2856 = 4 \times 7 \times 6 \times 17$. Il suffit de faire voir qu'on aura *nécessairement* le même quotient 17, si l'on divise successivement par chaque facteur. Or, si l'on divise d'abord par 4, le quotient sera : $7 \times 6 \times 17$ (n° 64). Si l'on divise maintenant par 7, le quotient sera : 6×17. Si l'on divise enfin par 6, le quotient sera 17. C. Q. F. D.

66. Pour diviser deux puissances d'un même nombre, on retranche l'exposant du diviseur de l'exposant du dividende. — Soit à diviser 5^7 par 5^3. Le diviseur étant le produit de trois facteurs égaux à 5, il suffira de diviser successivement trois fois par 5, et comme le dividende est le produit de 7 facteurs égaux à 5, nous aurons pour quotient le produit de (7—3) facteurs égaux à 5, c'est-à-dire $5^{7-3} = 5^4$.

On aurait pu dire aussi : Il s'agit de trouver un nombre qui multiplié par 5^3 reproduise 5^7; ce nombre est donc 5^4.

LIVRE II.

PROPRIÉTÉS DES NOMBRES.

CHAPITRE I.

DIVISIBILITÉ.

67. Nombre divisible par un autre ou multiple d'un autre. Sous-multiple ou diviseur. — Lorsque la division d'un nombre par un autre se fait sans reste, on dit que le premier est *divisible* par le second, et comme il est alors égal au produit du second par un troisième, on dit aussi qu'il est *multiple* du second. Inversement, on dit que le second nombre est *diviseur* ou *sous-multiple* du premier.

On a souvent besoin de connaître les diviseurs des nombres. Il existe, pour les plus simples, certains caractères qui permettent de reconnaître facilement si un nombre admet un diviseur déterminé. Nous allons exposer, dans ce chapitre, les caractères de divisibilité et nous commencerons par établir quelques principes fondamentaux.

68. Dans une division, lorsqu'on augmente ou diminue le dividende d'un certain nombre de fois le diviseur, le reste ne change pas et le quotient est augmenté ou diminué du même nombre d'unités. — Soit à diviser 30 par 7. Si nous effectuons la division par une série de soustractions, nous arrivons, après quatre soustractions, au reste 2 moindre que 7 ; le quotient est donc 4 et le reste 2. Augmentons 30 d'un multiple de 7, de 3 fois 7 par exemple, ou 21, et divisons 51 par 7, en suivant la même méthode. Après *trois* soustractions nous retomberons nécessairement sur le premier dividende 30 : à partir de là, les soustractions seront les mêmes que dans le premier cas. Nous obtiendrons donc encore forcément le même reste 2 ; seulement, le quotient se trouve augmenté de trois unités, puisque nous aurons fait *trois* soustractions de plus. Notre raisonnement étant indépendant des valeurs particulières attribuées au dividende et au diviseur, nous concluons que le reste ne change pas lorsqu'on augmente le dividende d'un certain nombre de fois le diviseur ; mais le quotient est augmenté du même nombre d'unités. De même, si l'on diminue le dividende d'un certain nombre de fois le diviseur, le quotient est diminué du même nombre d'unités, mais le reste ne change pas. La démonstration est identique.

69. Si un nombre en divise deux autres, il divise aussi leur somme et leur différence. — Cette proposition est le *corollaire* ou la conséquence du théorème précédent. Désignons, en effet, par A une somme composée de deux parties B et C, et supposons que B soit un multiple d'un certain nombre. Il résulte immédiatement de notre théorème que nous devrons avoir le même reste si nous divisons A et C par le diviseur de B ; donc, si C donne pour reste zéro, A donnera aussi pour reste zéro, et réciproquement. Tout nombre qui divise à la fois B et C, divise donc A ; tout nombre qui divise la somme A et l'une de ses parties B, divise donc aussi l'autre partie. C. Q. F. D.

70. Si un nombre en divise plusieurs autres, il divise leur somme. Tout nombre qui en divise un autre divise les multiples de cet autre. — Prenons un exemple particulier : 6 divise à la fois, 12, 18, 24 et 36 ; il s'agit de prouver que 6 divise la somme de ces nombres. En effet,

6 divisant 12 et 18, divise leur somme 12 + 18 (n° 69). Divisant 12 + 18 et 24, 6 divise leur somme 12 + 18 + 24; divisant 12 + 18 + 24 d'une part et 36 d'autre part, 6 divise leur somme 12 + 18 + 24 + 36. C. Q. F. D. Le raisonnement ne dépend en aucune façon des valeurs particulières attribuées aux nombres.

On conclut de là que tout nombre qui en divise un autre divise les multiples de cet autre. Par exemple, 4 divisant 12 devra diviser un multiple quelconque de 12. En effet, un multiple de 12 n'est autre chose que la somme de plusieurs nombres égaux à 12, et 4 divisant chacune des parties de la somme devra diviser la somme.

71. Tout nombre qui en divise deux autres divise le reste de leur division. — Prenons, par exemple, les deux nombres 68 et 12 tous deux divisibles par 4; il s'agit de prouver que 4 divise le reste de la division de 68 par 12. Or, 4 divise le dividende 68; divisant 12, il divise le produit du diviseur 12 par le quotient (n° 70). Divisant à la fois le dividende et le produit du diviseur par le quotient, il divise aussi leur différence, c'est-à-dire le reste de la division (n° 69).

72. Tout nombre qui divise le diviseur et le reste d'une division, divise le dividende. — En effet, un nombre qui divise le diviseur divise aussi le produit du diviseur par le quotient. Divisant ce produit d'une part et le reste d'autre part, il divise leur somme, c'est-à-dire le dividende.

73. Dans une addition, si l'on augmente ou diminue chacun des nombres d'un multiple quelconque d'un diviseur, le reste de la division de la somme par ce diviseur n'est pas altéré. — Prenons, pour fixer les idées, les nombres 4326, 741 et 850 et le diviseur 9, cela n'empêchera en aucune façon notre raisonnement d'être général. Le premier nombre divisé par 9 donne pour reste 6;

le second donne pour reste 3, et enfin le troisième donne pour reste 4. Nous pouvons donc écrire :

$$4326 = \text{multiple de } 9 + 6 \text{ ou, par abréviation,}$$

$$4326 = M. 9 + 6 ;$$

de même
$$741 = M. 9 + 3,$$

$$850 = M. 9 + 4.$$

Ajoutant, il vient

$$4326 + 741 + 850 = M. 9 + (6+3+4.)$$

Or, qu'on augmente ou qu'on diminue chaque nombre d'un multiple de 9, les restes 6, 3 et 4 sont invariables (n° 82). La somme augmente ou diminue, mais elle est toujours égale à un multiple de 9 plus $(6+3+4)$. Le reste définitif n'est donc pas altéré. C. Q. F. D.

74. Le reste de la division d'un produit par un nombre est égal au reste que fournit le produit des restes des facteurs. — Examinons d'abord le cas d'un produit de deux facteurs. Prenons deux facteurs et un diviseur particuliers, par exemple les nombres 859 et 86 et le diviseur 9. Le multiplicande et le multiplicateur donnant respectivement pour restes 4 et 5, je dis qu'on obtiendra le reste du produit en cherchant le reste de la division par 9 du produit 4×5 des deux restes. En effet, le produit de 859 par 86 n'est autre chose que la somme de 86 nombres égaux à 859, et comme chacun d'eux donne pour reste 4, la somme donnera pour reste 4×86 ou 86×4. D'un autre côté, 86×4 est la somme de 4 nombres égaux à 86, et comme chacun d'eux donne pour reste 5, 86×4 donnera pour reste 5×4. Nous sommes ainsi certains que le produit 859×86 est égal à un multiple de 9 plus 4×5. Nous aurons donc le reste du produit cherché en divisant par 9 le produit des restes des deux facteurs.

Supposons maintenant qu'on ait trois facteurs : 859.

86 et 124 qui donnent respectivement pour restes : 4, 5 et 7. Nous venons de démontrer qu'on a

$$859 \times 86 = M.9 + 4 \times 5.$$

D'un autre côté,
$$124 = M.9 + 7.$$

Nous aurons donc, en regardant 859×86 comme un produit effectué,

$$(859 \times 86) \times 124 = M.9 + (4 \times 5) \times 7$$

ou $\qquad 859 \times 86 \times 124 = M.9 + 4 \times 5 \times 7.$ C. Q. F. D.

Le théorème s'étend évidemment au cas d'un nombre quelconque de facteurs.

Corollaire. — Il résulte immédiatement de ce théorème que si un nombre quelconque divisé par un diviseur donne un certain reste, une puissance quelconque du nombre donne le même reste que le reste primitif élevé à la même puissance que le nombre. Par exemple, 32 divisé par 9 donne pour reste 5; je dis que 32^4 donne le même reste que 5^4. En effet, $32^4 = 32 \times 32 \times 32 \times 32$. Chaque facteur donnant pour reste 5, le produit 32^4 donnera le même reste que $5 \times 5 \times 5 \times 5$ ou 5^4.

75. Le reste de la division d'un nombre par 2 ou par 5 est le même que pour son dernier chiffre à droite. — Remarquons d'abord qu'on a : $10 = 2 \times 5$. On en conclut que tout nombre de dizaines est un multiple de 2 et de 5 (n° 70).

Cela posé, un nombre quelconque peut être décomposé en dizaines et unités. Par suite, on peut dire qu'un nombre quelconque est égal à un multiple de 2 et de 5 augmenté de son dernier chiffre à droite. Le reste de la division d'un nombre par 2 ou par 5 est donc le même que pour son dernier chiffre (n° 68).

Caractère de divisibilité par 2. — Les nombres divisibles par 2 ont été appelés *nombres pairs*. 2, 4, 6, 8 divisibles par 2 ont reçu le nom de *chiffres pairs* et on regarde aussi zéro comme un chiffre pair. Les autres chiffres, 1, 3, 5, 7, 9 sont les *chiffres impairs*; divisés par 2, ils donnent le reste 1.

Il résulte de ce qui précède que *la condition nécessaire et suffisante pour qu'un nombre soit divisible par 2, c'est qu'il soit terminé par un chiffre pair*. Les nombres non divisibles par 2, appelés *nombres impairs*, sont des multiples de 2, plus 1.

Caractère de divisibilité par 5. — Parmi les neuf premiers nombres, 5 est le seul qui soit divisible par 5. Or, nous savons que le reste de la division d'un nombre par 5 est le même que pour son dernier chiffre à droite. Donc *la condition nécessaire et suffisante pour qu'un nombre soit divisible par 5, c'est qu'il soit terminé par un 0 ou par un 5.*

76. Le reste de la division d'un nombre par 4 ou 25, est le même que pour le nombre formé par les deux derniers chiffres à droite. — Le nombre 100 étant égal au produit de 4 par 25, tout nombre de centaines est un multiple de 4 et de 25.

Or, un nombre quelconque peut être décomposé en centaines et unités. Par conséquent, un nombre quelconque est égal à un multiple de 4 et de 25 augmenté du nombre formé par les deux derniers chiffres à droite. *Le reste de la division d'un nombre par 4 ou 25 est donc le même que pour le nombre formé par les deux derniers chiffres à droite.*

Caractère de divisibilité par 4 et par 25. — Puisqu'un nombre quelconque et le nombre formé par ses deux derniers chiffres à droite donnent le même reste lorsqu'on les divise par 4 ou par 25, on en conclut qu'un nombre est divisible par 4 ou par 25 lorsque les deux derniers chiffres à droite forment un nombre divisible par 4 ou par 25, et seulement dans ce cas.

Ainsi, *la condition nécessaire et suffisante pour qu'un nombre soit divisible par 4 ou par 25, c'est que le nombre formé par les deux derniers chiffres à droite soit divisible par 4 ou par 25.*

77. Le reste de la division d'un nombre par 8 ou par 125 est le même que pour le nombre formé par ses trois derniers chiffres à droite. — Le nombre 1000 étant égal au produit de 8 par 125, tout nombre de mille est un multiple de 8 et 125.

Or, tout nombre peut être décomposé en mille et unités; par conséquent, un nombre quelconque est égal à un multiple de 8 et de 125 augmenté du nombre formé par les trois derniers chiffres à droite. *Le reste de la division d'un nombre par 8 ou 125 est donc le même que pour le nombre formé par les trois derniers chiffres à droite.*

Caractère de divisibilité par 8 et par 125. — Puisqu'un nombre donné et le nombre formé par les trois derniers chiffres à droite donnent le même reste lorsqu'on les divise par 8 ou par 125, on en conclut qu'un nombre est divisible par 8 ou par 125 lorsque ses trois derniers chiffres forment un nombre divisible par 8 ou par 125, et seulement dans ce cas. Nous sommes ainsi conduits au théorème suivant : *La condition nécessaire et suffisante pour qu'un nombre soit divisible par 8 ou par 125, c'est que le nombre formé par les trois derniers chiffres à droite soit divisible par 8 ou par 125.*

EXEMPLE. 5840 est divisible par 8, parce que le nombre 840 est divisible par 8. Mais 4218 n'est pas divisible par 8, parce que le nombre 218 ne l'est pas. Le nombre 218 divisé par 8 donnant pour reste 2, le nombre proposé 4218 donnera aussi pour reste 2. De même, le nombre 7375 est divisible par 125, parce que 375 est divisible par 125. Mais 9185 n'est pas divisible par 125, parce que 185 ne l'est pas. D'ailleurs, 185 donnant pour reste 60, le nombre 9185 donnera aussi pour reste 60.

78. Le reste de la division d'un nombre par 9 est le même que pour la somme de ses chiffres. — Nous établirons d'abord trois *lemmes* ou principes préliminaires.

1° *Une puissance quelconque de* 10 *est égale à un multiple de* 9 *plus* 1. En effet, un nombre composé exclusivement avec le chiffre 9, comme 999, est évidemment divisible par 9. Or, quand on ajoute l'unité à un pareil nombre, on obtient une puissance de 10. Donc une puissance quelconque de 10 est égale à un multiple de 9 plus 1.

2° *Un nombre formé d'un chiffre significatif suivi de zéros est égal à un multiple de* 9, *plus ce chiffre significatif.*

Prenons, par exemple, le nombre 400. C'est la somme de quatre nombres égaux à 100, et comme chacun d'eux donne pour reste 1, la somme donnera pour reste

$$1+1+1+1=4 \text{ (n° 75).}$$

Le nombre 400 est donc égal à un multiple de 9, plus 4.

3° *Un nombre quelconque est égal à un multiple de* 9, *augmenté de la somme de ses chiffres.*

Prenons, par exemple, le nombre 78234. On peut le décomposer de la manière suivante :

$$70000 + 8000 + 200 + 30 + 4.$$

Mais on a :

$$70000 = M.9 + 7$$
$$8000 = M.9 + 8$$
$$200 = M.9 + 2$$
$$30 = M.9 + 3$$
$$4 = 4$$

Ajoutant, il vient :

$$78234 = M.9 + (7+8+2+3+4). \text{ c. q. f. d.}$$

Puisqu'un nombre quelconque est égal à un multiple de 9, plus la somme de ses chiffres, on en conclut immédiatement que si on divise par 9 un nombre et la

PROPRIÉTÉS DES NOMBRES.   57

somme de ses chiffres, on aura le même reste dans les deux cas, ce qui démontre le théorème énoncé. Ainsi, dans notre exemple, la somme des chiffres est égale à 24; et comme 24 divisé par 9 donne pour reste 6, le nombre 78234 divisé par 9 donnera aussi le reste 6.

Dans la pratique, on arrive plus rapidement au résultat en diminuant de 9 toute somme partielle qui dépasse 9. S'il s'agit, par exemple, du nombre 68432, on dira : 6 et 8, 14 reste 5; 5 et 4, 9 reste 0; 3 et 2, 5; le reste est 5.

Caractère de divisibilité par 9. — Un nombre étant égal à un multiple de 9 augmenté de la somme de ses chiffres, on en conclut qu'un nombre sera divisible par 9 lorsque la somme de ses chiffres le sera et seulement dans ce cas. Donc, *pour qu'un nombre soit divisible par 9, il faut et il suffit que la somme de ses chiffres soit divisible par* 9.

79 Caractère de divisibilité par 3. — Le nombre 9 étant un multiple de 3, on peut dire qu'un nombre quelconque est égal à un multiple de 3, plus la somme de ses chiffres. Par suite, le reste de la division d'un nombre par 3 est le même que pour la somme de ses chiffres. Un nombre sera donc divisible par 3 lorsque la somme de ses chiffres le sera, et seulement dans ce cas. Donc, *pour qu'un nombre soit divisible par 3, il faut et il suffit que la somme de ses chiffres soit divisible par* 3.

80. Reste de la division d'un nombre par 11. — Cherchons d'abord les restes fournis par les puissances successives de 10, lorsqu'on les divise par 11.

10 peut être regardé comme étant égal à un multiple de 11, plus 10.

100 est égal à un multiple de 11, plus 1; en effet, on a : $100 = 11 \times 9 + 1$.

$1000 = 100 \times 10$. Le premier facteur donne pour reste 1 et le second 10; par suite : $1000 = M. 11 + 10$.

$10000 = 1000 \times 10$. Chaque facteur donnant pour

reste 10, leur produit donnera le même reste que 10×10 ou 100. On a donc : $10000 = $ M. $11 + 1$. En continuant de la même manière, on voit que les puissances successives de 10 donnent alternativement pour reste 10 et 1 ; 10 si la puissance est impaire et 1 si elle est paire. Mais, au lieu de dire qu'un nombre est égal à un multiple de 11 plus 10, on peut évidemment dire que c'est un multiple de 11 moins 1. Nous arrivons donc ainsi à ces deux principes :

1° *Une puissance paire de 10 est égale à un multiple de 11, plus 1.*

2° *Une puissance impaire de 10 est égale à un multiple de 11, moins 1.*

Il en résulte immédiatement que si un nombre est formé d'un chiffre significatif suivi de zéros, ce sera un multiple de 11, plus ou moins le chiffre significatif, suivant que le nombre des zéros qui le terminent sera pair ou impair.

Prenons maintenant un nombre quelconque 876539. On peut le décomposer de la manière suivante :

$$800000 + 70000 + 6000 + 500 + 30 + 9.$$

Mais, d'après ce qui précède, on a

$$800000 = \text{M. } 11 - 8$$
$$70000 = \text{M. } 11 + 7$$
$$6000 = \text{M. } 11 - 6$$
$$500 = \text{M. } 11 + 5$$
$$30 = \text{M. } 11 - 3$$
$$9 = \phantom{\text{M. } 11 + } 9$$

Ajoutons et remarquons qu'il n'est pas nécessaire de faire les opérations dans l'ordre où elles sont indiquées, pourvu qu'elles restent les mêmes ; d'ailleurs, il revient au même de retrancher d'un seul coup la somme $(3 + 6 + 8)$ au lieu de retrancher successivement les

PROPRIÉTÉS DES NOMBRES.

différentes parties de cette somme. Nous pourrons donc écrire:

$$876539 = M. 9 + (9 + 5 + 7) - (3 + 6 + 8.)$$

Ce qui nous conduit au théorème suivant:

Un nombre quelconque est égal à un multiple de 11, *augmenté de la différence entre la somme des chiffres de rang impair à partir de la droite et la somme des chiffres de rang pair.*

On aura donc le reste de la division d'un nombre par 11, en cherchant le reste que donne le nombre formé par cette différence. Dans notre exemple, la différence étant 4, on en conclut que le nombre 876539 est égal à un multiple de 11, plus 4. Le nombre divisé par 11 donnera donc 4 pour reste.

Il pourrait arriver que la somme des chiffres de rang impair fût plus faible que la somme des chiffres de rang pair. Dans ce cas, on ajouterait à la première somme 11 ou un multiple de 11, de manière à rendre la soustraction possible, ce qui ne changerait pas le reste définitif (n° 75). Supposons, par exemple, qu'on veuille avoir le reste de la division par 11 du nombre 3271. La somme des chiffres de rang impair est 3; celle des chiffres de rang pair est 10. Ajoutant 11 à 3, on a 14, qui diminué de 10 donne pour reste 4. Le reste de la division de 3271 par 11 est donc 4.

Caractère de divisibilité par 11. — Puisqu'un nombre quelconque est égal à un multiple de 11, augmenté de la différence entre la somme des chiffres de rang impair et la somme des chiffres de rang pair, à partir de la droite, on en conclut qu'un nombre sera, divisible par 11, lorsque cette différence le sera, et seulement dans ce cas. Donc, *pour qu'un nombre soit divisible par* 11, *il faut et il suffit que la différence entre la somme de ses chiffres de rang impair et la somme de ses chiffres de rang pair, à partir de la droite, soit divisible par* 11.

81. Preuve de la multiplication et de la division. — Maintenant que nous avons des procédés rapides pour trouver les restes de la division des nombres par certains diviseurs, nous pouvons appliquer cette théorie à la vérification des opérations de l'arithmétique, par exemple de la multiplication et de la division.

Occupons-nous d'abord de la multiplication. Soit à multiplier 5324 par 732. Nous trouvons pour produit 3897168. D'après un théorème précédemment démontré (n° 88), si nous cherchons les restes de la division du multiplicande et du multiplicateur par le même diviseur, *le produit devra donner le même reste que le produit des restes des deux facteurs.* Appliquons cette règle au diviseur 9. Le multiplicande et le multiplicateur donnent respectivement pour reste 5 et 3 dont le produit est 15. Ce nombre étant égal à un multiple de 9 plus 6, le produit doit donner pour reste 6, ce qui a lieu.

La règle est la même, quel que soit le diviseur employé. Lorsque la preuve ne réussit pas, l'opération est inexacte, mais la réciproque n'est pas vraie.

Les diviseurs qu'on emploie de préférence sont les diviseurs 9 et 11, et leur choix se justifie facilement. D'abord, on calcule facilement les restes des diviseurs par ces nombres; ensuite, la vérification porte sur tous les chiffres. Quand la preuve par 9 réussit, on est certain que s'il y a une erreur, cette erreur est un multiple de 9. De même, si la preuve par 11 réussit, l'erreur, s'il y en a une, est un multiple de 11. Les deux preuves par 9 et par 11 ne pourraient donc réussir simultanément qu'autant que l'erreur serait à la fois un multiple de 9 et un multiple de 11.

Preuve de la division. — Lorsqu'une division a été faite exactement, le dividende est égal au produit du diviseur par le quotient, augmenté du reste. On cherchera donc le reste de la division du produit du diviseur par le quotient par un certain diviseur, et on lui ajoutera le reste fourni par le reste de l'opération; *la somme de* ces *deux restes* devra donner *le même reste que le dividende* (n° 75).

Divisons, par exemple, 13306 par 56. Le quotient est 237 et le reste 34. Faisons la preuve par 9. 237 et 56 donnant respectivement pour reste 3 et 2 dont le produit est 6, le produit du diviseur par le quotient donne le reste 6 ; d'un autre côté, le reste 34 de l'opération donne pour reste 7. La somme de ces deux restes est 13, qui divisé par 9 donne pour reste 4. Le dividende doit donc aussi donner 4 pour reste, ce qui a lieu.

CHAPITRE II.

DU PLUS GRAND COMMUN DIVISEUR.

82. Ce qu'on appelle plus grand commun diviseur de deux ou plusieurs nombres. — Deux ou plusieurs nombres peuvent être à la fois divisibles par un même nombre; on dit alors que celui-ci est un *diviseur commun* aux nombres donnés. Lorsque des nombres admettent plusieurs diviseurs communs, le plus grand de tous s'appelle *le plus grand commun diviseur*.

Par exemple, les nombres 126, 540 et 198 ont pour diviseurs communs 1, 2, 3, 6, 9 et 18; ce dernier étant le plus grand de tous les diviseurs communs, on dit que 18 est leur plus grand commun diviseur.

Nous allons indiquer dans ce chapitre comment on peut trouver le plus grand commun diviseur de deux nombres, et nous démontrerons ensuite quelques propriétés des nombres relatives aux diviseurs communs.

83. Tout nombre qui en divise un autre est le plus grand commun diviseur de ces deux nombres. — Soient, par exemple, les deux nombres 84 et 12. D'abord, 12 divisant 84 est un diviseur commun aux deux nombres. D'un autre côté, le plus grand diviseur de 12 étant ce nombre lui-même, on en conclut que 12 est le plus grand commun diviseur de 84 et de 12.

84. Le plus grand commun diviseur de deux nombres est le même que celui qui existe entre le plus petit et le reste de la division du plus grand par le plus petit. — Rappelons d'abord des théorèmes précédemment démontrés (n°ˢ **71** et **72**) :

1° Tout nombre qui en divise deux autres divise le reste de la division du plus grand par le plus petit;

2° Tout nombre qui divise le diviseur et le reste d'une division divise le dividende.

Cela posé, soient 1848 et 312 les deux nombres donnés. La division du plus grand par le plus petit donne le reste 288. Or il résulte des théorèmes que nous venons de rappeler que tout diviseur commun à 1848 et à 312 est aussi un diviseur commun à 312 et à 288 ; de même, tout diviseur commun à 312 et à 288 est aussi un diviseur commun à 1848 et à 312. Donc, si l'on forme, d'une part, le tableau des diviseurs communs à 1848 et à 312, et, d'autre part, le tableau des diviseurs communs à 312 et 288, ces deux tableaux seront identiques. Le plus grand commun diviseur est donc le même de part et d'autre.

85. Recherche du plus grand commun diviseur de deux nombres par la méthode des divisions successives. — Reprenons les deux nombres 1848 et 312. Puisque leur plus grand commun diviseur est le même que celui de 312 et de 288, la recherche du plus grand commun diviseur se trouve ainsi ramenée à celle de deux nombres plus simples. 312 divisé par 288 donne pour reste 24. Par conséquent, le plus grand commun diviseur de 312 et de 288, et, par suite, celui des nombres proposés est le même que le plus grand commun diviseur de 288 et de 24. Si nous divisons 288 par 24, nous trouvons pour reste zéro. Nous en concluons (n° **83**) que 24 est le plus grand commun diviseur de 288 et de 24 ; c'est donc aussi le plus grand commun diviseur des deux nombres donnés.

Dans la pratique, on écrit les quotients au-dessus des diviseurs, de sorte que les restes sont placés sur une même ligne au-dessous des dividendes correspondants.

Voici, d'ailleurs, le tableau des opérations :

	5	1	12
1848	312	288	24
288	24	0	

Le raisonnement et la marche que nous avons suivis étant tout à fait indépendants des valeurs particulières attribuées aux données, nous sommes conduits à la règle pratique suivante :

Règle pratique. — *Pour trouver le plus grand commun diviseur de deux nombres, on divise le plus grand par le plus petit, puis le plus petit par le reste de la division, puis le premier reste par le second, et ainsi de suite, jusqu'à ce qu'on arrive à un reste nul. Le reste précédent est le plus grand commun diviseur cherché.*

86. Nombres premiers entre eux. Ce qu'indiquent deux restes consécutifs premiers entre eux. — Les restes successifs allant sans cesse en diminuant, au moins d'une unité d'un reste à l'autre, on est certain d'arriver au reste zéro, après un nombre d'opérations tout au plus égal au plus petit des deux nombres. Seulement, il peut arriver que le reste qui précède le reste zéro soit égal à l'unité. Dans ce cas, les deux nombres ont l'unité pour plus grand commun diviseur ; on dit qu'ils sont *premiers entre eux*.

Deux nombres entiers consécutifs sont premiers entre eux, car si l'on divise le plus grand par le plus petit, on a 1 pour reste.

Lorsque, dans la recherche du plus grand commun diviseur, on trouve deux restes consécutifs qu'on sait être premiers entre eux, il est inutile de pousser l'opération plus loin. On sait, en effet, que le plus grand commun diviseur des deux nombres proposés est le même que celui qui existe entre deux restes consécutifs.

PROPRIÉTÉS DES NOMBRES.   65

87. Simplification dans la conduite de l'opération.
— En divisant 1848 par 312, nous avons trouvé pour quotient 5 et pour reste 288. Au lieu de prendre le quotient par défaut, prenons le quotient par excès ; le nouveau reste sera $312 - 288 = 24$ (n° **59**). Or, que nous prenions le quotient par défaut ou par excès, le plus grand commun diviseur de 1848 et de 312 est toujours le même que celui qui existe entre le plus petit nombre et le reste de la division. Donc, au lieu de chercher le plus grand commun diviseur entre 312 et 288, nous chercherons celui de 312 et de 24, ce qui diminue d'une unité le nombre des divisions nécessaires pour arriver au résultat, ainsi que le montre le tableau de l'opération.

	5	13
1848	312	24
288	0	
24		

Ainsi, quand une division donne un reste plus grand que la moitié du diviseur, *on prend pour nouveau diviseur l'excès du diviseur* sur le reste. Cherchons, par exemple, le plus grand commun diviseur de 4896 et 872. En appliquant la première méthode, il faut sept divisions pour arriver au reste zéro. Si l'on introduit, au contraire, la simplification, cinq divisions suffisent. Le plus grand commun diviseur est 8.

	5	2	2	2	8
4896	872	336	136	64	8
536	200	64	8	0	
336	136				

88. Tout diviseur commun à deux nombres divise leur plus grand commun diviseur. — Puisque tout diviseur commun à deux nombres divise le reste de la division du plus grand par le plus petit, il en résulte que tout diviseur commun à deux nombres divise tous les restes successifs auxquels conduit la recherche du plus grand commun diviseur. *Il divise donc aussi le plus grand commun diviseur, qui est un des restes.*

Il est évident d'ailleurs que tout nombre qui divise le plus grand commun diviseur de deux nombres divise ces deux nombres. D'où il résulte que pour avoir tous les diviseurs communs à deux nombres, il suffit de former tous les diviseurs de leur plus grand commun diviseur.

89. Lorsqu'on multiplie ou divise deux nombres par un troisième, leur plus grand commun diviseur est multiplié ou divisé par ce troisième. — Lorsqu'on multiplie ou divise deux nombres par un troisième, le reste de la division du plus grand par le plus petit est multiplié ou divisé par le troisième (n° **63**). On en conclut que lorsqu'on multiplie ou divise deux nombres par un troisième, on multiplie ou divise, par cela même, tous les restes auxquels conduit la recherche de leur plus grand commun diviseur. Ce plus grand commun diviseur, qui est un des restes, subit donc la même modification.

90. Recherche du plus grand commun diviseur de plusieurs nombres. — Nous établirons d'abord le lemme suivant : *Lorsqu'on veut chercher le plus grand commun diviseur de plusieurs nombres, on peut substituer à deux quelconques d'entre eux le plus grand commun diviseur de ces deux nombres.*

Soient A, B, C, E.... N plusieurs nombres dont on veut trouver le plus grand commun diviseur. Cherchons le plus grand commun diviseur de deux quelconques d'entre eux, A et B, par exemple, et soit D ce plus grand commun diviseur. Je dis que les nombres donnés et les nombres D, C, E.... N ont le même plus grand commun diviseur.

En effet, tout diviseur commun à A et B divisant D (n° 88), il en résulte que tout diviseur commun aux nombres qui forment la première suite est un diviseur commun aux nombres de la deuxième. Réciproquement, tout diviseur de D étant diviseur de A et B, tout diviseur commun aux nombres de la deuxième suite est un diviseur commun aux nombres qui forment la première. Le tableau des diviseurs communs aux nombres de la première suite et le tableau des diviseurs communs aux nombres de la deuxième sont donc identiques. Le plus grand commun diviseur est donc le même de part et d'autre, ce qu'il fallait démontrer.

Soit maintenant D' le plus grand commun diviseur des nombres D et C. Il résulte de notre lemme que nous pouvons substituer aux nombres D, C, E.... N, les nombres D', E.... N, et ainsi de suite. Chaque série nouvelle ayant un terme de moins que la précédente, nous serons nécessairement ramenés au cas de deux nombres, cas que nous savons résoudre.

Examinons, par exemple, le cas où l'on voudrait trouver le plus grand commun diviseur de quatre nombres A, B, C, E. Nous chercherons d'abord le plus grand commun diviseur D de A et B, puis le plus grand commun diviseur D' de D et C, puis enfin le plus grand commun diviseur D" de D' et E. Il résulte de ce qui précède que D" est le plus grand commun diviseur des quatre nombres donnés.

91. Lorsqu'on multiplie ou divise plusieurs nombres par un autre, leur plus grand commun diviseur est multiplié ou divisé par cet autre.

Conservons les mêmes notations que précédemment.

Les nombres donnés A, B, C, E,.... N étant tous multipliés ou divisés par un même nombre, le plus grand commun diviseur D de A et B sera multiplié par ce même nombre. Tous les nombres de la deuxième suite éprouveront donc la même modification que les nombres qui forment la première.

D et C étant multipliés ou divisés par un même nombre, il en sera de même pour leur plus grand commun diviseur D'; les nombres D', E...., N, qui forment la 3ᵉ série, sont donc dans les mêmes conditions que ceux qui forment la première, et ainsi de suite. Le dernier plus grand commun diviseur trouvé, qui est le plus grand commun diviseur des nombres donnés, est donc multiplié ou divisé par le multiplicateur ou le diviseur des nombres proposés.

92. Lorsqu'on divise plusieurs nombres par leur plus grand commun diviseur, les quotients sont premiers entre eux. La réciproque est vraie.
Soient A, B, C, E,.... plusieurs nombres et d leur plus grand commun diviseur. Si nous divisons A, B, C, E,.... par d, le plus grand commun diviseur deviendra d divisé par d ou 1 (n° 91). Les quotients sont donc premiers entre eux.

Réciproquement, soient plusieurs nombres A, B, C, E,... qui, divisés par d, donnent les quotients a, b, c, e,.... premiers entre eux. Je dis que d est le plus grand commun diviseur des nombres donnés. En effet, a, b, c, e,...., ayant pour plus grand commun diviseur 1, $a \times d$ ou A, $b \times d$ ou B, $c \times d$ ou C, $e \times d$ ou E...., auront pour plus grand commun diviseur $1 \times d$ ou d.

93. Tout nombre qui divise un produit de deux facteurs et qui est premier avec l'un d'eux divise l'autre.
— Soient les deux nombres 15 et 8 premiers entre eux. Je dis que 8 ne pourra diviser le produit de 15 par un nombre quelconque que je désignerai par N, qu'autant que ce nombre sera divisible par 8. La condition est évidemment suffisante; démontrons qu'elle est nécessaire.

15 et 8 premiers entre eux ont pour plus grand commun diviseur 1; donc $15 \times N$ et $8 \times N$ ont pour plus grand commun diviseur N. Si 8 divise le produit $15 \times F$, comme il divise aussi $8 \times N$, il faudra nécessairement

(n° **88**) qu'il divise le plus grand commun diviseur N.
C. Q. F. D.

94. Tout nombre divisible séparément par plusieurs nombres premiers entre eux deux à deux est divisible par leur produit. — Un nombre peut être divisible par plusieurs autres, sans être divisible par leur produit. Par exemple, 72, divisible à la fois par 6 et par 9, n'est pas divisible par le produit 54. Mais lorsqu'un nombre est divisible par plusieurs nombres premiers entre eux deux à deux, il est toujours divisible par leur produit. Soit donné le nombre 2772, divisible à la fois par 4, par 9 et par 11, qui sont premiers entre eux deux à deux ; je dis que 2772 est divisible par le produit $4 \times 9 \times 11$.

Nous avons d'abord $2772 = 4 \times 693$. Mais 9 divise 2772 ou le produit 4×693 ; et comme il est premier avec 4, il faut qu'il divise 693 (n° **93**). On trouve.

$$693 = 9 \times 77.$$

Mais 11 divise 2772 ou 4×693, et comme il est premier avec 4, il faut qu'il divise 693 ou le produit 9×77, et comme il est premier avec 9, il faut qu'il divise 77. Effectuant la division, nous trouvons $77 = 11 \times 7$. Nous avons donc la série d'égalités :

$$2772 = 4 \times 693 ; \quad 693 = 9 \times 77 ; \quad 77 = 11 \times 7.$$

On en déduit successivement :

$$693 = 9 \times 11 \times 7 \text{ et } 2772 = 4 \times 9 \times 11 \times 7,$$

ce qui démontre bien que 2772 est un multiple du produit $4 \times 9 \times 11$.

Application aux caractères de divisibilité. — Nous concluons de ce théorème les caractères de divisibilité suivants :

1° Un nombre est divisible par 6, lorsqu'il est à la fois divisible par 2 et par 3 ;

2° Un nombre est divisible par 12, lorsqu'il est à la fois divisible par 3 et par 4 ;

3° Un nombre est divisible par 15, lorsqu'il est à la fois divisible par 3 et par 5, etc.

CHAPITRE III.

NOMBRES PREMIERS. — PLUS PETIT COMMUN MULTIPLE.

95. Nombre premier. — Tout nombre premier qui n'est pas diviseur d'un nombre est premier avec ce nombre. — On appelle *nombre premier* un nombre qui n'est divisible que par lui-même et par l'unité. Ainsi 7, 11, 13 sont des nombres premiers; mais 12 n'est pas un nombre premier, puisqu'il admet les diviseurs 2, 3, 4, 6, outre 1 et 12.

Lorsqu'un nombre premier n'est pas diviseur d'un nombre, il est premier avec ce nombre. Par exemple, le nombre 11, qui ne divise pas 15, est premier avec lui. En effet, puisque 11 ne divise pas 15, ces deux nombres n'admettent d'autre diviseur commun que l'unité.

96. Tout nombre, premier ou non, admet au moins un diviseur premier. — 1° Si le nombre n'est pas premier; il admet un ou plusieurs diviseurs. Or, le plus petit de ces diviseurs est évidemment premier; autrement, il admettrait un diviseur qui diviserait nécessairement aussi le nombre donné.

2° Si le nombre est premier, il admet encore un diviseur premier, puisqu'il est divisible par lui-même.

De ce qui précède, on conclut le théorème énoncé, savoir : *Tout nombre premier ou non admet un diviseur premier.*

97. Si deux nombres ne sont pas premiers entre eux, ils admettent au moins un diviseur premier commun. — Deux nombres qui ne sont pas premiers entre eux ont au moins un diviseur commun. Or celui-ci admet un diviseur premier qui divise évidemment les deux nombres proposés (n°° **96** et **70**).

98. La suite des nombres premiers est illimitée. — Supposons, pour un moment, que cette suite soit limitée et soit N *le plus grand de tous les nombres premiers*. Formons le produit de tous les nombres premiers depuis 1 jusqu'à N et ajoutons 1 à ce produit. Le nombre ainsi obtenu $1.2.3.4\ldots N + 1$ serait premier, car si on le divise par un nombre premier quelconque, depuis 1 jusqu'à N, on aura 1 pour reste. L'hypothèse que nous avons faite est donc inadmissible.

99. Reconnaître si un nombre est premier. — Prenons, par exemple, le nombre 647. Il s'agit de savoir s'il est premier ou non. Divisons 647 successivement par tous les diviseurs premiers 2, 3, 5..., 29. Le diviseur 29 donnant le quotient 22 moindre que lui, sans qu'on ait trouvé un reste nul, on doit en conclure que 647 est un nombre premier.

En effet, si ce nombre n'était pas premier, il admettrait un diviseur premier plus grand que 29; soit 41 ce diviseur. On aurait alors : $647 = 41 \times Q$, et Q serait aussi un diviseur de 647. Or 647 est plus petit que 29×29. On a donc : $41 \times Q < 29 \times 29$, ce qui exige que Q soit moindre que 29.

On voit ainsi que 647 ne peut admettre un diviseur plus grand que 29 qu'à la condition d'en admettre un plus petit. Or nous avons vérifié qu'aucun nombre inférieur à 29 ne diviserait 647; ce nombre ne peut donc admettre un diviseur plus grand. C'est donc un nombre premier.

Règle. — *Pour reconnaître si un nombre est premier,*

on essaye tous les diviseurs premiers, jusqu'à ce qu'on arrive à un quotient plus petit que le dernier diviseur essayé. Si aucune de ces divisions ne réussit, le nombre est premier.

100. Formation d'une table de nombres premiers. — Il est facile de former une table des nombres premiers, depuis 1 jusqu'à une limite déterminée. Proposons-nous, par exemple, de former une table des nombres depuis 1 jusqu'à 1000.

Ecrivons la suite des nombres entiers 1, 2, 3, 7, 9, 11..., en supprimant tous les nombres pairs, à partir de 2 exclusivement. Nous aurons ainsi supprimé tous les multiples de 2.

Supprimons maintenant les multiples de 3; il suffit évidemment pour cela d'effacer tous les nombres, de trois en trois, à partir de 3 exclusivement. Quelques-uns de ces nombres, comme 6 et 12, peuvent être déjà effacés.

Les multiples de 4 se trouvent déjà effacés comme multiples de 2.

Supprimons les multiples de 5. Il suffit, pour cela de supprimer tous les nombres, de cinq en cinq, à partir de 5 exclusivement.

Les multiples de 6 sont déjà supprimés, comme multiples de 2 et 3.

Effaçons maintenant les nombres de sept en sept, à partir de 7 exclusivement, et nous supprimons ainsi tous les multiples de 7.

Les multiples de 8, de 9 et de 10, sont déjà supprimés comme multiples de 2 et 3.

Nous supprimons ensuite les multiples de 11 en effaçant les nombres de onze en onze à partir de 11 exclusivement, et nous continuerons de la même manière.

Lorsque nous arriverons au nombre 31, qui est le dernier nombre premier dont la deuxième puissance soit inférieure à 1000, et que nous aurons supprimé les multiples en effaçant tous les nombres de trente un en trente et un, je dis qu'il ne restera plus dans table que des nombres premiers.

En effet, si un des nombres effacés, 521, par exemple n'était pas premier, ce serait le multiple d'un nombre premier supérieur à 31, de 47, par exemple. On aurait donc : $521 = 47 \times Q$, de sorte qu'au diviseur premier 47 correspondrait le diviseur Q. Or, il résulte de la manière même dont nous avons opéré qu'on a : $521 < 31 \times 31$; il faut donc qu'on ait : $47 \times Q < 31 \times 31$, ce qui exige que Q soit moindre que 31. Il faudrait donc que le nombre 521 admît un diviseur inférieur à 31, et nous avons constaté que cela n'avait pas lieu.

Ainsi, *quand on a effacé les multiples de tous les nombres jusqu'à un certain nombre premier, on peut regarder les nombres non effacés comme premiers, jusqu'à la deuxième puissance du nombre premier immédiatement supérieur.*

101. Un nombre premier ne peut diviser un produit de deux facteurs sans diviser l'un d'eux. — Soient A et B deux nombres quelconques. Je dis qu'un nombre premier, 11 par exemple, ne peut diviser le produit $A \times B$ sans diviser l'un des facteurs. La condition est évidemment suffisante; il nous reste à démontrer qu'elle est nécessaire.

Or, si le nombre premier 11 ne divise pas A, il est premier avec lui (n° 95). Il ne peut donc diviser le produit $A \times B$ qu'à la condition de diviser le facteur B (n° 93).

102. Tout nombre premier qui divise le produit d'un nombre quelconque de facteurs divise au moins l'un d'eux. — Remarquons d'abord que la condition est suffisante, et démontrons qu'elle est nécessaire.

Soient A, B, C, D, les nombres dont le produit est divisible par un nombre premier, 13, par exemple. Le produit $A \times B \times C \times D$ peut être regardé comme le

PROPRIÉTÉS DES NOMBRES. 75

produit de deux facteurs, l'un $A \times B \times C$, et l'autre D. 13 ne divise pas D, il est premier avec lui (n° **95**). Il peut donc diviser le produit qu'à la condition de diviser l'autre facteur $A \times B \times C$ (n° **93**). Mais le produit $A \times B \times C$ peut être regardé comme le produit de $A \times B$ par C. Si 13 ne divise pas C, il est premier avec lui; il ne peut donc diviser le produit $A \times B \times C$ qu'à la condition de diviser $A \times B$. Nous rentrons ainsi dans le cas des deux facteurs, et nous avons déjà démontré qu'un nombre premier ne peut diviser un produit de deux facteurs sans diviser l'un d'eux.

Il résulte immédiatement de ce théorème qu'un *nombre ne peut diviser un produit de plusieurs facteurs premiers sans être égal à l'un d'eux*. En effet, nous savons qu'un nombre premier n'admet d'autre diviseur que lui-même ou l'unité.

103. Tout nombre premier qui divise une puissance d'un nombre divise ce nombre. — Démontrons, par exemple, qu'un nombre premier ne peut diviser A^m qu'à la condition de diviser A.

A^m n'est autre chose que le produit de m facteurs égaux à A. Or, nous venons d'établir que tout nombre premier qui divise un produit de plusieurs facteurs divise au moins l'un d'eux. Un nombre premier ne pourra donc diviser le produit A.A.A... qu'à la condition de diviser A.

104. Si deux nombres sont premiers entre eux, leurs puissances de tous les degrés sont premières entre elles. — Prenons, par exemple, les nombres 15 et 4 premiers entre eux. Il faut prouver que deux puissances quelconques de 15 et 4, comme 15^6 et 4^8, sont premières entre elles.

Si 15^6 et 4^8 n'étaient pas deux nombres premiers entre eux, ils admettraient au moins un diviseur premier commun (n° **97**). Ce diviseur premier devant diviser 15^6 devrait diviser 15 (n° **103**). Divisant 4^8, il devrait diviser 4. 15 et 4 ne seraient donc pas premiers entre eux, ce qui est contraire à notre hypothèse.

105. Tout nombre non premier est égal à un produit de facteurs premiers. — Soit N le nombre dont il s'agit. Puisqu'il n'est pas premier, il admet au moins un diviseur premier. Soit a ce diviseur premier. Divisons N par a et appelons q le quotient; nous aurons : $N = a \times q$. Si q est premier, le théorème est démontré. Si q n'est pas premier, il admet au moins un diviseur premier; soit b ce diviseur premier, et q' le quotient de q par b. Nous aurons : $N = a \times b \times q'$. Si q' est premier, le théorème est démontré. S'il n'est pas premier, il admet au moins un diviseur premier; soit c ce diviseur premier, et q'' le quotient de q' par c. Nous aurons : $N = a \times b \times c \times q''$, et ainsi de suite. Mais les quotients $q, q', q'',\ldots$ vont sans cesse en diminuant. Un de ces quotients sera donc premier; autrement, on aurait une série illimitée de nombres entiers allant sans cesse en diminuant, ce qui est impossible.

Il peut évidemment arriver que quelques-uns des nombres $a, b, c,\ldots$ soient égaux; le même facteur peut donc figurer plusieurs fois dans le produit.

106. Un nombre n'est décomposable qu'en un seul système de facteurs premiers. — Nous venons de voir qu'un nombre non premier est égal à un produit de facteurs premiers. Nous allons démontrer maintenant qu'il n'y a qu'un seul produit de facteurs premiers qui puisse être égal à un nombre donné. En d'autres termes, deux produits de facteurs premiers ne peuvent représenter le même nombre que s'ils sont composés des mêmes facteurs, chaque facteur figurant le même nombre de fois dans les deux produits.

1° *Tout facteur premier qui entre dans le premier produit entre aussi dans le second.* Supposons, par exemple, que le facteur premier 5 soit dans le premier produit. Divisant ce produit, il divise aussi le second, qui est égal au premier. Or, nous savons qu'un facteur premier ne peut diviser un produit de facteurs premiers sans être égal à l'un deux (n° **112**). Le facteur 5 entre donc aussi dans le second produit.

2° Supposons maintenant que le premier produit contienne le facteur 5 trois fois, qu'il soit, par exemple, de la forme : $5 \times 5 \times 5 \times 7 \times 13 \times 13$; le second produit contiendra aussi $5 \times 5 \times 5$. En effet, s'il ne renfermait que 5×5 ou 5^2, en divisant les deux produits par 5^2, on devrait avoir des quotients égaux. Or, ce serait impossible, puisque le premier produit renfermerait encore le facteur 5, tandis que le second ne le contiendrait plus.

107. Décomposer un nombre en ses facteurs premiers. — Il nous reste à dire comment on décompose un nombre en ses facteurs premiers. Pour y arriver, on prend les nombres premiers par ordre de grandeur et on essaye s'ils divisent le nombre donné. Lorsque la division est possible exactement, on l'effectue et on opère alors sur le quotient comme sur le nombre lui-même, en commençant les essais au dernier diviseur employé. On continue de la même manière, jusqu'à ce qu'on obtienne un quotient *premier*. Les différents diviseurs et ce dernier quotient forment un produit de facteurs premiers égal au nombre donné.

Appliquons cette méthode au nombre 756. Ce nombre est divisible par 2; en effectuant la division, on trouve pour quotient 378. On a donc : $756 = 2 \times 378$. Le quotient 378 est encore divisible par 2, et l'on a : $378 = 2 \times 189$, et par suite, $756 = 2 \times 2 \times 189$. 189 n'est plus divisible par 2, mais il est divisible par 3. Effectuant la division on trouve : $189 = 3 \times 63$, et par conséquent $756 = 2 \times 2 \times 3 \times 63$. 63 étant encore divisible par 3, on effectue l'opération et l'on a : $63 = 4 \times 21$; par suite :

$$756 = 2 \times 2 \times 3 \times 3 \times 21.$$

21 est encore divisible par 3; on effectue la division et l'on a $21 = 3 \times 7$, et par conséquent :

$$756 = 2 \times 2 \times 3 \times 3 \times 3 \times 7.$$

Le dernier quotient 7 étant premier, l'opération est terminée. On écrit ordinairement : $756 = 2^2 \times 3^3 \times 7$.

Dans la pratique, on dispose l'opération de la manière suivante :

756	2
378	2
189	3
63	3
21	3
7	7
1	

108. Condition pour que deux nombres soient divisibles l'un par l'autre. — *Pour qu'un nombre soit divisible par un autre, il faut et il suffit qu'il contienne tous les facteurs premiers de cet autre avec un exposant au moins égal.* Prouvons d'abord que la condition est nécessaire : puisque le quotient multiplié par le diviseur doit reproduire le dividende, celui-ci est égal au produit des facteurs premiers qui entrent dans le diviseur multiplié par les facteurs premiers qui entrent dans le quotient. Les facteurs qui entrent dans le diviseur figurent donc dans le dividende avec un exposant au moins égal.

La condition est évidemment suffisante : prenons le produit des facteurs premiers qui entrent dans le dividende sans entrer dans le diviseur, et multiplions-le par le produit des facteurs premiers qui entrent à la fois dans tous les deux, en affectant ces facteurs d'un exposant égal à la différence entre l'exposant du dividende et celui du diviseur. Le nombre ainsi formé

PROPRIÉTÉS DES NOMBRES. 79

multiplié par le diviseur reproduira forcément le dividende ; ce sera donc le quotient.

Ainsi le nombre $2^2 \times 3^5 \times 5^2 \times 7$ est divisible par le nombre $2.3^2.7$ et le quotient est $2 \times 3 \times 5^2$.

On voit, par cet exemple, qu'on effectue facilement la division de deux nombres qui ont été décomposés en leurs facteurs premiers. Il suffit de retrancher les exposants du diviseur des exposants des mêmes facteurs dans le dividende, et d'écrire à la suite les facteurs du dividende qui n'entrent pas dans le diviseur.

109. Un nombre étant donné, former le tableau de ses diviseurs. — Prenons, par exemple, le nombre 756, lequel est égal à $2^2 \times 3^3 \times 7$.

Écrivons sur une ligne horizontale l'unité et les puissances successives du facteur 2, jusqu'à la plus haute puissance qui entre dans 756.

$$1 \quad 2^1 \quad 2^2.$$

Formons une seconde ligne horizontale avec l'unité et les puissances successives du second facteur 3, jusqu'à la plus haute puissance qui entre dans 756.

$$1 \quad 3^1 \quad 3^2 \quad 3^3.$$

Formons enfin une troisième ligne horizontale avec l'unité et les puissances successives de 7, jusqu'à la plus haute puissance qui entre dans 756.

$$1 \quad 7^1.$$

(On continuerait de la même manière, s'il y avait d'autres facteurs premiers.)

En multipliant chacun des nombres de la première ligne horizontale par chacun des nombres de la seconde, nous obtenons :

$$\begin{array}{ccc} 1 & 2^1 & 2^2 \\ 3^1 & 2^1\times 3^1 & 2^2\times 3^1 \\ 3^2 & 2^1\times 3^2 & 2^2\times 3^2 \\ 3^3 & 2^1\times 3^3 & 2^2\times 3^3 \end{array}$$

Multiplions maintenant chacun des produits que nous venons de former par chacun des nombres de la troisième ligne horizontale, nous aurons d'abord les produits que nous avons déjà formés, puis les nouveaux produits.

$$\begin{array}{ccc} 7 & 2^1\times 7 & 2^2\times 7 \\ 3^1\times 7 & 2^1\times 3^1\times 7 & 2^2\times 3^1\times 7 \\ 3^2\times 7 & 2^1\times 3^2\times 7 & 2^2\times 3^2\times 7 \\ 3^3\times 7 & 2^1\times 3^3\times 7 & 2^2\times 3^3\times 7 \end{array}$$

(S'il y avait d'autres lignes horizontales, on continuerait de la même manière.)

Je dis que l'ensemble des deux séries de produits que nous avons obtenues n'est autre que le tableau des diviseurs de 756.

Il résulte d'abord de la manière même dont ce tableau a été formé que tous les nombres qu'il contient ne renferment que des facteurs premiers de 756 affectés d'un exposant au plus égal ou plus haut exposant avec lequel ils entrent dans le nombre. Tous les nombres du tableau sont donc des diviseurs de 756.

De plus, un diviseur de 756, quel qu'il soit, résulte nécessairement de la combinaison, par voie de multiplication, d'un des facteurs de la première ligne par un de ceux de la seconde et par un de la troisième. Nous n'avons donc pu oublier aucun diviseur.

Il nous reste maintenant à établir qu'aucun diviseur n'a pu être écrit deux fois. Or cela est évident, car, dans les deux séries de produits, les nombres d'une même ligne horizontale diffèrent par le premier facteur; lorsqu'on passe d'une ligne à l'autre, les nombres diffèrent par l'un des deux derniers facteurs.

PROPRIÉTÉS DES NOMBRES. 81

Dans la pratique, on adopte une disposition plus simple. Après avoir décomposé le nombre ou ses facteurs premiers, on trace un trait vertical à droite de ce facteur, et à droite de ce trait on écrit l'unité un peu au-dessus du premier facteur, puis on dit 2 fois 1, 2, qu'on écrit vis-à-vis du premier facteur, à droite du trait. On multiplie chacun des diviseurs ainsi obtenus par 2, en ayant soin de n'écrire que les diviseurs nouveaux qu'on place vis-à-vis du second facteur 2; on obtient ainsi le nouveau diviseur 4.

Chacun des diviseurs obtenus est ensuite multiplié par 3, et on écrit les résultats vis-à-vis du premier facteur 3. On multiplie ensuite tous les diviseurs déjà obtenus par le deuxième facteur 3, en ayant soin de n'écrire que les diviseurs nouveaux. On continue de la même manière jusqu'à ce qu'on ait épuisé tous les diviseurs premiers qui se trouvent à la droite du premier trait vertical. Il est clair que la dernière multiplication doit reproduire le nombre 756.

Disposition adoptée dans la pratique.

		1							
756	2	2							
378	2	4							
189	3	3	6	12					
63	3	9	18	36					
21	3	27	54	108					
7	7	7	14	28	21	42	84	63	126
1						252	189	378	756

110. Composition du plus grand commun diviseur de deux ou plusieurs nombres. — Il résulte de ce qui précède que tout diviseur commun à plusieurs nombres se compose des facteurs premiers communs à ces nombres pris avec un exposant au plus égal à celui qu'ils ont dans le nombre où ils figurent avec le plus petit exposant. Par conséquent, si des nombres ont été décomposés en leurs facteurs premiers et qu'on veuille obtenir leur plus grand commun diviseur, *on devra former le produit de tous les facteurs premiers communs à ce nombre en affectant chacun d'eux de son plus petit exposant.*

Soient, par exemple, les nombres 360, 504 et 756.

On a : $360 = 2^3.3^2.5$; $504 = 2^3.3^2.7$; $756 = 2^2.3^3.7$. Le plus grand commun diviseur de ces trois nombres est $2^2.3^2 = 36$. On vérifie aisément *à posteriori* que, si l'on introduisait un facteur premier autre que 2 et 3, ou si l'on augmentait d'une unité l'un des exposants de 2 ou de 3, le nombre formé cesserait de diviser l'un au moins des nombres donnés.

On pourrait encore, pour prouver que $2^2 \times 3^2$ est le plus grand commun diviseur des nombres proposés, raisonner de la manière suivante :

Il résulte de la manière même dont on forme le nombre $2^2 \times 3$ que, si on divise les nombres proposés par $2^2 \times 3^2$, les quotients seront premiers entre eux. Donc, c'est le plus grand commun diviseur (n° **92**).

111. Formation du plus petit nombre divisible par des nombres donnés. — Le plus petit nombre divisible à la fois par plusieurs nombres donnés porte le nom de *plus petit multiple commun à ces nombres*. On forme aisément ce plus petit multiple lorsque les nombres ont été décomposés en leurs facteurs premiers. Il résulte en effet de la condition que nous avons établie précédemment pour qu'un nombre soit divisible par un autre, *que le plus petit multiple commun à plusieurs nombres doit renfermer tous les facteurs premiers qui entrent dans ces nombres avec un exposant égal à celui qu'ils ont dans le nombre où ils figurent avec le plus haut exposant.*

Proposons-nous, par exemple, de former le plus petit multiple commun aux nombres 360, 504 et 756.

Ce plus petit multiple est évidemment

$$2^3 \times 3^3 \times 5 \times 7 = 7560.$$

PROPRIÉTÉS DES NOMBRES. 83

En effet, il est divisible par chacun d'eux (n° **108**). D'ailleurs, c'est le plus petit nombre divisible à la fois par tous les nombres donnés, car si l'on diminue l'un des exposants d'une unité, il cesse d'être divisible par un des nombres. Qu'on diminue, par exemple, l'exposant du facteur premier 3 d'une unité, on aura le nombre $2^5 \times 3^2 \times 5 \times 7$, qui n'est pas divisible par 756.

LIVRE III.

FRACTIONS. — MESURE DES GRANDEURS.

CHAPITRE I.

NOTIONS GÉNÉRALES.

112. Définition des fractions. — Lorsqu'on partage une grandeur quelconque en parties égales et qu'on prend une ou plusieurs de ces parties, on a ce qu'on appelle une *fraction* de cette grandeur, qui prend alors le nom *d'unité*. Ainsi, un nombre d'heures est une fraction du jour, et un nombre de minutes est une fraction de l'heure.

Quelle que soit l'unité, supposons-la partagée en parties égales, 12, par exemple, et prenons un certain nombre de ces parties, 5, par exemple, nous aurons ainsi une fraction. Le nombre 12 qui indique en combien de parties égales l'unité a été divisée, s'appelle *dénominateur*; le nombre 5, qui indique combien on prend de parties, s'appelle *numérateur;* le numérateur et le dénominateur sont les *termes* de la fraction.

Pour énoncer une fraction, on énonce d'abord le numérateur, puis le dénominateur qu'on fait suivre de la terminaison *ième*. La fraction que nous avons prise comme exemple s'énoncera donc: *cinq douzièmes*. Lorsque le dénominateur est 2, 3, 4, on dit demi, tiers, quart, au lieu de deuxième, troisième, quatrième. Ainsi, la fraction *trois quarts* signifie que l'unité a été partagée en *quatre* parties égales et qu'on a pris *trois* de ces parties.

Pour écrire une fraction, on écrit le dénominateur au-dessous du numérateur en les séparant par un trait horizontal. Les fractions *cinq douzièmes* et *trois quarts* s'écrivent : $\frac{5}{12}, \frac{3}{4}$.

Lorsque le numérateur est plus petit que le dénominateur, la fraction est moindre que l'unité ; elle prend le nom de *fraction proprement dite* ; par exemple, $\frac{4}{9}$. Lorsque le numérateur est plus grand que le dénominateur, la fraction est plus grande que l'unité ; on lui donne le nom de *nombre fractionnaire* ; par exemple $\frac{23}{6}$. Lorsque les deux termes sont égaux, la fraction est égale à l'unité.

113. Extraire l'entier contenu dans un nombre fractionnaire. — Une fraction étant plus grande que l'unité lorsque son numérateur est plus grand que son dénominateur, on peut se proposer de chercher dans ce cas combien elle contient d'unités ; c'est là ce qu'on appelle *extraire l'entier contenu dans un nombre fractionnaire*. Prenons, par exemple, la fraction $\frac{23}{5}$. Si nous divisons 23 par 5, nous trouvons pour quotient 4 et pour reste 3. Nous avons donc : $23 = 5 \times 4 + 3$. Cette égalité exprime que 23 unités *d'une espèce quelconque* valent 4 fois 5 de ces unités, plus 3 de ces unités. Nous pouvons donc dire que 23 cinquièmes valent 4 fois 5 cinquièmes ou 4, plus 3 cinquièmes, ce qui donne : $\frac{23}{5} = 4 + \frac{3}{5}$.

De là cette règle pratique : *Pour extraire l'entier contenu dans un nombre fractionnaire, on divise le numérateur par le dénominateur*. Le quotient exprime le nombre des unités, auquel il faut ajouter, pour reproduire le nombre donné, une fraction ayant pour numérateur le reste de la division et pour dénominateur celui de la fraction donnée.

114. Mettre un nombre entier sous la forme d'une fraction de dénominateur donné. — Tout nombre entier peut se mettre sous la forme d'une fraction de dénomi-

FRACTIONS. — NOTIONS GÉNÉRALES.

nateur donné. Supposons, par exemple, qu'on veuille réduire 7 en douzièmes. Nous dirons: 1 unité valant 12 douzièmes, 7 unités vaudront 7 fois plus ou $12 \times 7 = 84$ douzièmes. Nous pouvons donc écrire : $7 = \frac{84}{12}$. Le même raisonnement pouvant être appliqué à des nombres quelconques, nous concluons que, pour convertir un nombre entier en une fraction de dénominateur donné, il suffit de *prendre pour numérateur le produit du nombre entier par le dénominateur.*

Il résulte de là que lorsqu'on a un nombre fractionnaire formé d'un entier et d'une fraction, comme $3 + \frac{4}{7}$, on peut facilement le mettre sous la forme d'une fraction ordinaire. Il suffit, en effet, de convertir 3 en septièmes, d'après la règle précédente, et l'on obtient un nombre de septièmes égal à $21 + 4$, soit $\frac{25}{7}$.

115. Lorsqu'on rend le numérateur d'une fraction un certain nombre de fois plus grand ou plus petit, la fraction devient le même nombre de fois plus grande ou plus petite. — Lorsqu'on augmente ou diminue le numérateur d'une fraction, sans toucher au dénominateur, il est clair qu'on augmente ou diminue la fraction. En effet, ce sont toujours les mêmes parties de l'unité, et on prend un plus grand nombre ou un moins grand nombre de ces parties.

Supposons, pour fixer les idées, qu'on rende le numérateur 3 fois plus grand ou plus petit. La fraction deviendra trois fois plus grande ou plus petite, car ce seront toujours les mêmes parties de l'unité et on en prendra 3 fois plus ou 3 fois moins que dans le premier cas. Prenons, par exemple, la fraction $\frac{6}{7}$. Si nous multiplions son numérateur par 3, nous obtiendrons la fraction $\frac{18}{7}$, 3 fois plus grande que la première. Si nous divisons, au contraire, son numérateur par 3, nous obtiendrons la fraction $\frac{2}{7}$, trois fois plus petite que la fraction donnée.

116. Lorsqu'on rend le dénominateur d'une fraction un certain nombre de fois plus grand ou plus petit, la

fraction devient le même nombre de fois plus petite ou plus grande. — Lorsqu'on augmente ou diminue le dénominateur d'une fraction, l'unité se trouve alors partagée en un nombre *plus* ou *moins* grand de parties égales. Ces parties sont donc *plus* petites dans le premier cas et plus grandes dans le second. Par suite, si l'on ne touche pas au numérateur, c'est-à-dire si l'on prend toujours le même nombre de parties, la fraction sera plus petite dans le premier cas et plus grande dans le second.

Supposons, par exemple, qu'on rende 4 fois plus grand le dénominateur de la fraction $\frac{7}{8}$, ce qui donne la fraction $\frac{7}{32}$. L'unité était d'abord partagée en 8 parties égales. Partageons maintenant chaque huitième en quatre parties égales; le nombre total des parties deviendra 8×4 ou 32. Mais puisque chaque huitième vaut quatre trente-deuxièmes, il en résulte que le trente-deuxième est quatre fois plus petit que le huitième. Or, après comme avant, nous prenons toujours 7 des parties égales de l'unité; la seconde fraction est donc 4 fois plus petite que la première.

Qu'on rende, au contraire, le dénominateur de la fraction $\frac{7}{8}$, 4 fois plus petit, la nouvelle fraction $\frac{7}{2}$ sera 4 fois plus grande que la première.

117. Lorsqu'on multiplie ou qu'on divise les deux termes d'une fraction par un même nombre, la valeur de la fraction ne change pas. — Prenons, par exemple, la fraction $\frac{4}{5}$ et multiplions ses deux termes par 5. Je dis que la fraction $\frac{4 \times 5}{5 \times 5}$ est égale à la première. En effet, comparons les trois fractions: $\frac{4}{5}$, $\frac{4}{5 \times 5}$ et $\frac{4 \times 5}{5 \times 5}$. La première est 5 fois plus grande que la seconde (n° 116). Mais la troisième est aussi cinq fois plus grande que la seconde (n° 115). La première et la troisième sont donc égales.
C. Q. F. D.

De même, si nous divisons par 3 les deux termes de la fraction $\frac{9}{12}$, la valeur de cette fraction ne changera pas. En effet, nous obtiendrons la fraction $\frac{3}{4}$; or, si nous multiplions par 3 les deux termes de cette fraction, nous re-

FRACTIONS. — NOTIONS GÉNÉRALES.

produirons la fraction donnée. Les deux fractions sont donc égales d'après le théorème précédent.

118. Simplification des fractions. — Fraction irréductible. — Simplifier une fraction, c'est trouver une fraction égale à la proposée, mais composée de termes plus petits. Puisqu'on ne change pas la valeur d'une fraction en divisant ses deux termes par un même nombre, il en résulte que toutes les fois qu'on apercevra un diviseur commun aux deux termes d'une fraction, on pourra la simplifier en divisant les deux termes par ce facteur commun.

Prenons, par exemple, la fraction $\frac{96}{360}$. Les deux termes sont divisibles par 8; si nous effectuons la division, nous aurons la fraction plus simple : $\frac{12}{45}$. Les deux termes de la nouvelle fraction étant divisibles par 3, nous trouvons, après la suppression de ce facteur commun, la fraction $\frac{4}{15}$ qui sera évidemment égale à la proposée (n° **117**).

Les deux termes de la fraction $\frac{4}{15}$ n'admettant plus de diviseur commun, cette fraction ne peut plus être simplifiée par le procédé que nous venons d'indiquer. Nous allons démontrer que toute fraction dont les deux termes sont premiers entre eux ne peut pas être exprimée en termes plus simples. On dit alors que la fraction est *irréductible*.

119. Toute fraction égale à une fraction dont les deux termes sont premiers entre eux a ses deux termes équimultiples des deux termes de la fraction donnée. — Reprenons la fraction $\frac{4}{15}$ et représentons par a et b les deux termes d'une autre fraction égale à $\frac{4}{15}$. Si nous multiplions les deux termes de la première par b et les deux termes de la seconde par 15, les nouvelles fractions ainsi obtenues seront encore égales (n° **117**). Nous aurons donc $\frac{4 \times b}{15 \times b} = \frac{a \times 15}{b \times 15}$ Or deux fractions de même dénominateur ne peuvent être égales qu'à la condition que les numérateurs soient égaux. Nous arrivons ainsi à l'égalité $4 \times b = a \times 15$.

Cela posé, 4 divisant le produit $4 \times b$ devra diviser le produit égal $a \times 15$. Mais 4 est premier avec 15; il devra donc diviser a. Le numérateur a de la nouvelle fraction est donc nécessairement un multiple de 4. Posons $a = 4 \times m$, m représentant un nombre entier quelconque. Nous aurons alors $4 \times b = 4 \times m \times 15$, ou, en divisant ces deux produits par 4, $b = 15 \times m$. Ainsi, a et b sont les produits des deux termes de la fraction donnée par un même nombre entier m.

Il résulte de ce qui précède que, lorsque les deux termes d'une fraction sont premiers entre eux, on ne peut former une fraction qui lui soit égale qu'en multipliant ses deux termes par un même nombre. On pourra donc obtenir autant de fractions qu'on le voudra égales à la proposée, *mais les deux termes de chacune de ces nouvelles fractions seront équimultiples des deux termes de la proposée*. Il n'existe donc pas de fraction égale à la proposée et composée de termes plus petits. *Toute fraction dont les deux termes sont premiers entre eux est donc irréductible.*

120. Réduire une fraction à sa plus simple expression. — On sait que lorsqu'on divise deux nombres par leur plus grand commun diviseur, les quotients qu'on obtient sont premiers entre eux. Il suffira donc, pour réduire une fraction à sa plus simple expression, de diviser ses deux termes par leur plus grand commun diviseur. Dans la pratique, on supprime successivement tous les facteurs communs aux deux termes.

121. Deux fractions irréductibles ne peuvent être égales qu'à la condition d'être identiques. — Soit une fraction irréductible $\frac{9}{20}$ et $\frac{a}{b}$ une fraction égale à $\frac{9}{20}$. Nous savons qu'on a : $a = 9 \times m$ et $b = 20 \times m$. Si la seconde fraction est aussi irréductible, a et b sont premiers entre eux; m sera donc égal à 1, et nous aurons $a = 9$ et $b = 20$. Deux fractions irréductibles ne peuvent donc

FRACTIONS. — NOTIONS GÉNÉRALES. 91

être égales qu'à la condition d'être composées identiquement des mêmes termes. Quel que soit le procédé qu'on emploie pour réduire une fraction à sa plus simple expression, on arrivera donc toujours au même résultat.

122. Réduction des fractions au même dénominateur.
— Réduire des fractions au même dénominateur, c'est remplacer les fractions proposées par des fractions respectivement égales ayant toutes le même dénominateur.

Proposons-nous de réduire au même dénominateur les fractions $\frac{5}{8}$, $\frac{7}{12}$ et $\frac{3}{20}$.

Supposons que nous connaissions un nombre divisible à la fois par les dénominateurs des fractions données, et désignons ce nombre par D. Divisons-le successivement par chaque dénominateur, et appelons q, r et s les quotients respectifs, de sorte qu'on ait :

$$D = 8 \times q; \quad D = 12 \times r; \quad D = 20 \times s.$$

Si nous multiplions les deux termes de la première fraction par q, nous ne changerons pas sa valeur, et elle deviendra :

$$\frac{5 \times q}{8 \times q} \quad \text{ou} \quad \frac{5 \times q}{D};$$

si nous multiplions les deux termes de la deuxième fraction par r, nous ne changerons pas sa valeur, et elle deviendra :

$$\frac{7 \times r}{12 \times r} \quad \text{ou} \quad \frac{7 \times r}{D};$$

si nous multiplions enfin les deux termes de la troisième fraction par s: nous ne changerons pas sa valeur, et elle deviendra :

$$\frac{3 \times s}{20 \times s} \quad \text{ou} \quad \frac{3 \times s}{D}.$$

Le problème sera donc résolu.

92 ÉLÉMENTS D'ARITHMÉTIQUE.

Or, parmi tous les nombres divisibles à la fois par tous les dénominateurs des fractions données, nous pouvons prendre pour D le produit $8\times12\times20$ de ces dénominateurs. Nous aurons alors :

$$q=12\times20;\quad r=8\times20;\quad s=8\times12.$$

On en conclut immédiatement la règle suivante : *Pour réduire des fractions au même dénominateur, multipliez les deux termes de chacune d'elles par le produit des dénominateurs des autres.*

Dans la pratique, on écrit au-dessus de chaque fraction le produit des dénominateurs des autres, comme il suit :

$$\overset{240}{\frac{5}{8}}\qquad\overset{160}{\frac{7}{12}}\qquad\overset{96}{\frac{3}{20}}$$

Effectuant les calculs, on trouve :

$$\frac{1200}{1920}\qquad\frac{1120}{1920}\qquad\frac{288}{1920}$$

Le dénominateur commun se calcule seulement pour la première fraction, puisqu'il est le même pour les autres.

125. Du plus petit commun dénominateur. — Lorsque les dénominateurs ont des facteurs communs, on peut obtenir un dénominateur commun plus petit que le produit des dénominateurs. Nous allons faire voir comment on peut réduire des fractions à leur plus petit commun dénominateur.

Les fractions *ayant été d'abord réduites à leur plus simple expression*, nous savons que toute fraction égale à l'une des proposées a ses deux termes équimultiples des deux termes de la proposée (n° 119). Le

FRACTIONS. — NOTIONS GÉNÉRALES.   93

dénominateur commun, quel qu'il soit, est donc *dans ce cas* un multiple commun à tous les dénominateurs. Par conséquent, si nous prenons pour le nombre D le plus petit multiple commun aux dénominateurs, ce sera le plus petit commun dénominateur.

De là cette règle pratique : on réduit les fractions à leur plus simple expression, et on forme ensuite le plus petit multiple commun aux dénominateurs. *On divise successivement ce nombre par chacun des dénominateurs, et on multiplie les deux termes de chaque fraction par les quotients respectifs.*

Appliquons cette méthode aux trois fractions irréductibles $\frac{5}{8}$, $\frac{7}{12}$ et $\frac{3}{20}$.

On a : $8 = 2^3$; $12 = 2^2.3$; $20 = 2^2.5$

Le plus petit multiple commun à ces trois nombres est donc :

$$2^3.3.5 = 120.$$

Écrivons au-dessus de chaque fraction le quotient de 120 par son dénominateur :

$$\overset{15}{\frac{5}{8}} \qquad \overset{10}{\frac{7}{12}} \qquad \overset{6}{\frac{3}{20}}$$

Effectuant les calculs, nous obtiendrons :

$$\frac{75}{120} \qquad \frac{70}{120} \qquad \frac{18}{120}$$

CHAPITRE II.

CALCUL DES FRACTIONS.

124. Définition générale de l'addition. — L'addition a pour but de réunir en une seule plusieurs quantités de même espèce. On fait une addition lorsqu'on place plusieurs longueurs les unes à la suite des autres. Connaissant les nombres entiers ou fractionnaires qui mesurent les différentes longueurs; il s'agit de trouver le nombre qui mesurerait la longueur totale.

125. Addition des fractions dans le cas où elles ont même dénominateur. — Lorsqu'on a à ajouter deux ou plusieurs fractions de même dénominateur, *on ajoute les numérateurs entre eux et on donne au résultat le dénominateur commun.* On peut dire en effet qu'une fraction est une quantité concrète dans laquelle le numérateur indique combien on prend de parties de l'espèce indiquée par le dénominateur. Par conséquent 2 septièmes et 3 septièmes feront 5 septièmes, de la même manière que 2 francs et 3 francs font 5 francs. On aura donc :

$$\frac{2}{7}+\frac{3}{7}=\frac{5}{7}.$$

Ce serait évidemment la même chose pour un nombre quelconque de fractions.

**126. Addition des fractions dans le cas où les

CALCUL DES FRACTIONS. 95

dénominateurs sont différents. — Quand les fractions qu'on veut additionner n'ont pas le même dénominateur, on commence par les réduire au même dénominateur, et l'on retombe ainsi sur le cas précédent. Supposons, par exemple, qu'on veuille ajouter entre elles les fractions $\frac{11}{18}$, $\frac{7}{12}$ et $\frac{19}{24}$. Réduisons-les d'abord au même dénominateur 72, ce qui donne $\frac{44}{72}$, $\frac{42}{72}$, $\frac{57}{72}$. Appliquant à ces nouvelles fractions la règle connue, nous trouvons pour résultat :

$$\frac{143}{72} = 1 + \frac{71}{72}.$$

127. Cas où il y a des entiers joints aux fractions. — Lorsqu'il y a des entiers joints aux fractions, on peut commencer par mettre sous forme de fractions chacun des nombres fractionnaires donnés et appliquer ensuite la règle. Mais il vaut mieux opérer séparément sur les entiers et sur les fractions. Le résultat obtenu, on pourra le mettre sous la forme d'une fraction qu'on réduira à sa plus simple expression, ou bien on pourra extraire l'entier contenu dans la fraction, s'il y a lieu, et l'ajouter à la somme des parties entières.

Exemple. Ajoutez :

$$6,\ 7+\frac{5}{8},\ 11+\frac{1}{6},\ 3+\frac{11}{12}.$$

La somme des entiers est 27; celle des fractions est

$$\frac{41}{24} = 1 + \frac{17}{24}.$$

Nous aurons donc pour résultat définitif :

$$28 + \frac{17}{24} = \frac{689}{24}.$$

128. Définition générale de la soustraction. — La soustraction a pour but de retrancher une quantité d'une autre plus grande de même espèce. On fait une

96 ÉLÉMENTS D'ARITHMÉTIQUE.

soustraction lorsqu'on diminue une longueur donnée d'une certaine fraction de cette longueur. En arithmétique, on se propose de trouver le nombre qui mesure la différence, connaissant les nombres qui mesurent la longueur et la quantité dont on la diminue.

129. Soustraction dans le cas où les dénominateurs ont les mêmes. — Dans le cas où les dénominateurs sont les mêmes, la soustraction n'offre aucune difficulté. On retranche le plus petit numérateur du plus grand et on donne au résultat le dénominateur commun. Cela résulte immédiatement de la remarque que nous avons faite, à propos de l'addition, sur le sens qu'on peut attribuer aux fractions. Si de $\frac{7}{8}$ on veut retrancher $\frac{3}{8}$, le résultat sera évidemment $\frac{4}{8}$ ou $\frac{1}{2}$. Il est clair, en effet, que 7 huitièmes moins 3 huitièmes font 4 huitièmes, de la même manière que 7 francs moins 3 francs font 4 francs.

130. Soustraction dans le cas où les dénominateurs sont différents. — Lorsque les dénominateurs sont différents, on commence par réduire les fractions au même dénominateur, et il n'y a plus alors qu'à appliquer la règle précédente.

Exemple : de $\frac{10}{21}$ retrancher $\frac{5}{9}$. Réduisons les fractions à leur plus petit commun dénominateur 63; nous obtiendrons les deux fractions $\frac{57}{63}$ et $\frac{35}{63}$ dont la différence est $\frac{22}{63}$.

131. Soustraction dans le cas où il y a des entiers joints aux fractions. — On peut avoir à retrancher une fraction d'un nombre entier, par exemple $\frac{4}{9}$ de 2. Nous réduirons d'abord 2 en neuvièmes et nous effectuerons ensuite la soustraction comme d'habitude. 2 étant égal à $\frac{18}{9}$, nous aurons : $2 - \frac{4}{9} = \frac{18}{9} - \frac{4}{9} = \frac{14}{9}$.

Supposons enfin qu'on ait à retrancher un nombre entier augmenté d'une fraction d'un autre nombre entier augmenté d'une fraction. Il serait facile de revenir au

CALCUL DES FRACTIONS.

cas précédent en réduisant chacun des nombres donnés en une expression fractionnaire, mais il vaut mieux opérer séparément sur les entiers et sur les fractions.

PREMIER EXEMPLE : De $8 + \frac{7}{12}$ retrancher $3 + \frac{2}{15}$. Réduisons d'abord les deux fractions $\frac{7}{12}$ et $\frac{2}{15}$ à leur plus petit commun dénominateur 60. Nous aurons :

$$\frac{7}{12} - \frac{2}{15} = \frac{35}{60} - \frac{8}{60} = \frac{27}{60} = \frac{9}{20};$$

d'un autre côté, la différence des parties entières 8 et 3 étant égale à 5, le résultat définitif sera : $5 + \frac{9}{20}$.

DEUXIÈME EXEMPLE : Dans certains cas, il est indifférent de commencer par la soustraction des nombres entiers ou par celle des fractions ; mais lorsque la seconde fraction est plus grande que la première, il y aurait inconvénient à commencer par la soustraction des nombres entiers. Supposons que de $9 + \frac{7}{20}$ on veuille retrancher $3 + \frac{13}{15}$. Réduisons d'abord les fractions au même dénominateur 60. Nous substituons ainsi aux nombres donnés les nombres : $9 + \frac{21}{60}$ et $3 + \frac{52}{60}$. Comme on ne peut retrancher $\frac{52}{60}$ de $\frac{21}{60}$, nous augmenterons cette dernière fraction de $\frac{60}{60}$, ce qui donnera $\frac{81}{60}$. Retranchant alors $\frac{52}{60}$ de $\frac{81}{60}$, nous obtiendrons $\frac{29}{60}$. Puis, comme nous avons augmenté le premier nombre d'une unité, nous augmenterons aussi le second d'une unité, pour rétablir la différence, et nous dirons 4 de 9 reste 5. Le résultat définitif est donc : $5 + \frac{29}{60}$. Si nous avions commencé par les nombres entiers, la soustraction des fractions eût été impossible.

Puisqu'il y a inconvénient à commencer, dans certains cas, par la soustraction des nombres entiers, il vaut donc mieux commencer toujours par la soustraction des fractions.

152. Expression générale de la différence entre l'unité et une fraction. — Quelle que soit la fraction qu'on ait à retrancher de l'unité, on peut toujours mettre 1 sous la forme d'une fraction de même dénominateur, et effectuer ensuite la soustraction d'après la règle connue. Supposons, par exemple, qu'on veuille retrancher la fraction $\frac{5}{8}$ de l'unité. On a

$$1 - \frac{5}{8} = \frac{8}{8} - \frac{5}{8} = \frac{8-5}{8} = \frac{3}{8}$$

Si l'on veut avoir l'excès d'un nombre fractionnaire sur l'unité, on pourra toujours opérer de la même manière. Proposons-nous, par exemple, de retrancher l'unité du nombre $\frac{12}{7}$. On a :

$$\frac{12}{7} - 1 = \frac{12}{7} - \frac{7}{7} = \frac{12-7}{7} = \frac{5}{7}.$$

Nous pouvons donc dire dans tous les cas que *la différence entre l'unité et une fraction est exprimée par une fraction de même dénominateur que la fraction donnée, et dont le numérateur est égal à la différence des deux termes de cette fraction.*

155. Changement qu'éprouve une fraction lorsqu'on ajoute un même nombre à ses deux termes. — Prenons d'abord une fraction proprement dite, $\frac{3}{7}$ par exemple. A ses deux termes ajoutons le même nombre, soit le nombre 5; la nouvelle fraction $\frac{3+5}{7+5}$ est encore moindre que l'unité, car le numérateur reste toujours plus petit que le dénominateur; mais remarquons, c'est là le point important, que *la différence des deux termes n'a pas changé.* Si nous formons les excès de l'unité sur chaque fraction, les deux excès $\frac{4}{7}$ et $\frac{4}{7+5}$ auront donc *nécessairement* même numérateur; le second excès sera donc moindre que le premier, puisque son dénominateur est plus grand. Par conséquent, la fraction s'est rapprochée de l'unité.

La conséquence est la même pour un nombre fractionnaire. Prenons un nombre quelconque, soit $\frac{12}{7}$ et ajoutons 2 à chaque terme, ce qui donne : $\frac{12+2}{7+2}$. C'est encore

CALCUL DES FRACTIONS.

un nombre fractionnaire, car le numérateur reste plus grand que le dénominateur, mais *la différence des deux termes n'a pas changé.* Si nous formons les excès des nombres fractionnaires sur l'unité, $\frac{5}{7}$ et $\frac{5}{7+2}$, ces deux excès ont *nécessairement* le même numérateur. Or, le second dénominateur est plus grand que le premier; le second excès est donc moindre que le premier. Par conséquent, le nombre fractionnaire s'est rapproché de l'unité.

Ainsi, qu'il s'agisse d'une fraction proprement dite ou d'un nombre fractionnaire, on peut dire : *qu'une expression fractionnaire se rapproche de l'unité lorsqu'on ajoute un même nombre à chaque terme.*

De ce qui précède, on conclut les deux principes suivants :

1° *Une fraction proprement dite augmente lorsqu'on ajoute un même nombre aux deux termes.*

2° *Un nombre fractionnaire diminue lorsqu'on ajoute un même nombre aux deux termes.*

134. Multiplication dans le cas où le multiplicateur est entier. — Nous savons que la multiplication a pour but de répéter le multiplicande autant de fois qu'il y a d'unités dans le multiplicateur; cette définition subsiste lorsque le multiplicande est un nombre fractionnaire.

Supposons, par exemple, qu'on ait $\frac{5}{8}$ à multiplier par 7. Cela signifie qu'il faut répéter $\frac{5}{8}$, 7 fois, c'est-à-dire rendre $\frac{5}{8}$, 7 fois plus grand. Or, on sait qu'en multipliant le numérateur d'une fraction par 7, on rend la fraction 7 fois plus grande. Le résultat de la multiplication, ou produit, sera donc : $\frac{5 \times 7}{8} = \frac{35}{8}$.

Supposons encore qu'on ait $\frac{5}{8}$ à multiplier par 4. Puisqu'il s'agit, d'après la définition, de rendre la fraction $\frac{5}{8}$ 4 fois plus grande, on pourra suivre la marche précédemment indiquée et multiplier le numérateur par 4, ce qui donnera $\frac{20}{8}$, ou en simplifiant : $\frac{5}{2}$. Mais on aurait pu immédiatement obtenir ce dernier résultat en remarquant que le dénominateur 8 est divisible par 4, et qu'on rend aussi une fraction 4 fois plus grande en divisant son dénominateur par 4.

De ce qui précède, on conclut la règle pratique suivante : *Pour multiplier une fraction par un nombre entier, on multiplie le numérateur par l'entier; ou, quand c'est possible, on divise le dénominateur par l'entier.*

155. Multiplication dans le cas où le multiplicateur est fractionnaire. — Nous avons déjà fait remarquer, lorsque nous nous sommes occupés de la multiplication des nombres décimaux, que la définition précédente de la multiplication n'est plus applicable quand le multiplicateur est fractionnaire, et nous avons défini le sens qu'on doit attacher dans ce cas au mot *multiplication*. Nous allons ajouter quelques détails à ce que nous avons déjà dit en raisonnant, pour plus de clarté, sur des quantités concrètes.

1° 1 mètre d'étoffe coûte $\frac{5}{8}$ de franc; combien coûteront 7 mètres de la même étoffe? Puisqu'un mètre coûte $\frac{5}{8}$ de franc, 7 mètres coûteront 7 fois plus. Nous trouverons donc le résultat au moyen d'une multiplication. C'est l'opération que nous venons d'apprendre à effectuer.

2° Le prix du mètre étant toujours $\frac{5}{8}$ de franc, quel sera le prix de $\frac{1}{12}$ de mètre? Il est clair qu'on résoudra la question en prenant le *douzième* de $\frac{5}{8}$; mais c'est toujours le même problème qu'on a à résoudre; il n'y a de changé que la quantité d'étoffe. On devra donc conserver, *par analogie*, le nom de *multiplication* à l'opération qui consiste à prendre le douzième de $\frac{5}{8}$. Donc, prendre le douzième d'un nombre, ou multiplier ce nombre par la fraction $\frac{1}{12}$, sont deux expressions équivalentes.

3° Le prix du mètre étant toujours le même, calculer le prix de $\frac{7}{12}$ de mètre. Puisqu'un mètre coûte $\frac{5}{8}$ de franc, $\frac{7}{12}$ de mètre coûteront 7 fois la douzième partie de $\frac{5}{8}$. Nous arriverons donc au résultat demandé en répétant 7 fois, non plus le nombre $\frac{5}{8}$, mais la douzième partie de

CALCUL DES FRACTIONS. 101

ce nombre. Ici encore on a conservé, par analogie, le nom de multiplication à la *double opération* par laquelle on répète 7 fois la douzième partie de $\frac{5}{8}$, de telle sorte que multiplier un nombre par $\frac{7}{12}$, ou prendre les sept douzièmes d'un nombre, sont des expressions équivalentes. *Multiplier un nombre par une fraction, c'est donc répéter un nombre donné de fois une portion déterminée du multiplicande.*

On peut donc dire, dans tous les cas, que la multiplication est une opération qui a pour but : *Étant donnés deux nombres, d'en former un troisième qui se compose avec le multiplicande comme le multiplicateur est composé avec l'unité.*

Cela posé, il va être facile d'établir la règle de la multiplication dans le cas où le multiplicateur est fractionnaire.

PREMIER EXEMPLE : Multiplier $\frac{5}{8}$ par $\frac{7}{12}$. D'après la définition, cela veut dire qu'il faut prendre les sept douzièmes de $\frac{5}{8}$, c'est-à-dire répéter 7 fois la douzième partie de $\frac{5}{8}$. Prenons donc d'abord la douzième partie de $\frac{5}{8}$. Pour cela, nous rendrons la fraction 12 fois plus petite, en multipliant son dénominateur par 12, ce qui donne : $\frac{5}{8 \times 12}$. Une fois le douzième obtenu, il n'y a plus qu'à le répéter 7 fois, ce qui se fera en multipliant 5 par 7. Nous obtiendrons ainsi pour le produit : $\frac{5 \times 7}{12 \times 8} = \frac{35}{96}$.

Donc, *pour multiplier une fraction par une fraction, on multiplie les numérateurs entre eux et les dénominateurs entre eux.*

DEUXIÈME EXEMPLE : Multiplier $\frac{15}{16}$ par $\frac{4}{5}$. Nous avons, d'après la définition, à répéter 4 fois la cinquième partie de $\frac{15}{16}$.

Prenons donc d'abord la cinquième partie du multiplicande ; ici, nous pouvons obtenir cette cinquième partie en divisant le numérateur par 5 et nous aurons : $\frac{3}{16}$.

Tel est le cinquième du multiplicande que nous avons encore à répéter 4 fois. Au lieu d'opérer comme précédemment et de multiplier le numérateur par 4, nous diviserons le dénominateur par 4, puisque la division est possible exactement. Nous aurons ainsi pour produit définitif, $\frac{3}{4}$. Nous serions évidemment arrivés au même résultat en suivant la règle ordinaire, mais il aurait fallu réduire la fraction $\frac{15 \times 4}{16 \times 5}$ à sa plus simple expression. Il est donc avantageux de profiter de ces simplifications toutes les fois qu'elles se présentent.

Quand le multiplicateur est un nombre fractionnaire, le produit est plus grand que le multiplicande; mais si le multiplicateur est une fraction proprement dite, le produit est au contraire moindre que le multiplicande.

156. Fraction de fraction. — On a donné le nom de *fraction de fraction* au produit de plusieurs fractions, par exemple : $\frac{3}{6} \times \frac{7}{8} \times \frac{5}{12} \times \frac{4}{5}$. Pour effectuer ce calcul, on prendra d'abord les $\frac{7}{8}$ de $\frac{3}{5}$, ce qui donnera : $\frac{7 \times 3}{8 \times 5}$. Prenant ensuite les $\frac{5}{12}$ de ce résultat, on aura : $\frac{7 \times 3 \times 5}{8 \times 5 \times 12}$. Prenant enfin les $\frac{4}{7}$ de ce nouveau produit, on aura pour le produit définitif: $\frac{7 \times 3 \times 5 \times 4}{8 \times 5 \times 12 \times 7}$. Avant d'effectuer les calculs indiqués, on supprime les facteurs 7, 3, 5, 4 communs aux deux termes et on trouve ainsi immédiatement $\frac{1}{8}$ pour la valeur de la fraction réduite à sa plus simple expression.

157. Extension au cas des nombres fractionnaires des théorèmes relatifs à la multiplication. — Nous venons de voir que, pour multiplier des fractions entre elles, il faut multiplier les numérateurs entre eux et les dénominateurs entre eux. Or, dans chacun de ces produits, on peut intervertir l'ordre des facteurs; comme il reviendrait au même d'intervertir l'ordre des facteurs fraction-

CALCUL DES FRACTIONS.   103

naires, on en conclut le théorème suivant: *Dans un produit de plusieurs facteurs fractionnaires, on peut intervertir à volonté l'ordre des facteurs.*

On peut donc étendre aux nombres fractionnaires les théorèmes (n°ˢ 42, 43, 44) que nous avons démontrés dans le cas des nombres entiers.

158. Définition générale de la division. — Quels que soient le dividende et le diviseur, on peut dire que la division a pour but: *étant donnés deux nombres, d'en trouver un troisième qui multiplié par le second reproduise le premier.*

Si l'on a 4 à diviser par 5, le quotient sera $\frac{4}{5}$. En effet, en répétant $\frac{4}{5}$, 5 fois, on reproduit le dividende 4. Donc *une fraction exprime le quotient de la division de son numérateur par son dénominateur.*

Soit encore 32 à diviser par 5. D'après ce que nous venons de dire, le quotient est $\frac{32}{5} = 6 + \frac{2}{5}$. Dans la division des nombres entiers, nous nous contentions de chercher la partie entière du quotient; $6 + \frac{2}{5}$ est le *quotient complet.* C'est le nombre qui, multiplié par le diviseur 5, reproduit le dividende.

159. Division par un nombre entier. — Premier exemple: Diviser $\frac{4}{5}$ par 7. D'après la définition, $\frac{4}{5}$ est égal à 7 fois le quotient. On aura donc ce quotient en rendant la fraction $\frac{4}{5}$, 7 fois plus petite, c'est-à-dire en multipliant son dénominateur par 7. On obtient ainsi

$$\frac{4}{5 \times 7} = \frac{4}{35}.$$

Donc, *pour diviser une fraction par un nombre entier, on multiplie son dénominateur par l'entier.*

Deuxième exemple: Soit encore $\frac{14}{25}$ à diviser par 7. Le dividende étant égal à 7 fois le quotient, on aura ce quotient en rendant la fraction $\frac{14}{25}$, 7 fois plus petite. Au lieu de multiplier le dénominateur par 7, comme dans l'exemple précédent, nous diviserons le numérateur par 7, ce qui revient au même, et nous obtiendrons pour quotient : $\frac{2}{25}$.

Règle pratique : *Pour diviser une fraction par un nombre entier, on multiplie le dénominateur par l'entier, ou, si c'est possible, on divise le numérateur de la fraction par le nombre entier.*

140. Division par une fraction. — Soit à diviser $\frac{4}{5}$ par $\frac{7}{9}$. D'après la définition, le quotient multiplié par $\frac{7}{9}$ doit reproduire le dividende. Mais multiplier le quotient par $\frac{7}{9}$, c'est en prendre les sept neuvièmes. On peut donc dire que $\frac{4}{5}$ est égal à 7 fois le neuvième du quotient. Si nous rendons la fraction $\frac{4}{5}$, 7 fois plus petite, nous aurons le neuvième du quotient, soit $\frac{4}{5 \times 7}$. Répétons maintenant ce neuvième 9 fois, ce qui nous donnera $\frac{4 \times 9}{5 \times 7}$, et nous aurons le quotient.

Le résultat est donc le même qui si l'on avait eu à multiplier la fraction $\frac{4}{5}$ par la fraction $\frac{9}{7}$, ce qui conduit à la règle pratique suivante : *Pour diviser une fraction par une fraction, on multiplie la fraction dividende par la fraction diviseur renversée.*

Lorsque le numérateur et le dénominateur du dividende sont des multiples des termes correspondants du diviseur, on peut effectuer la division en divisant terme à terme, ce qui donne pour quotient une fraction exprimée en termes plus simples que quand on suit la règle ordinaire. Supposons qu'on ait à diviser $\frac{15}{28}$ par $\frac{5}{7}$. On voit, en appliquant la définition, que $\frac{15}{28}$ est égal à 5 fois le septième du quotient. Nous aurons donc le septième du quotient en rendant la fraction $\frac{15}{28}$, 5 fois plus petite, ce que nous pourrons faire ici en divisant son numérateur par 5. Ainsi, $\dfrac{15 : 5}{28}$ est le septième du quotient.

CALCUL DES FRACTIONS.

Rendons cette dernière fraction 7 fois plus grande et nous aurons le quotient. Or, pour la rendre 7 fois plus grande, il suffit ici de diviser son dénominateur par 7. Nous pouvons donc écrire : $\frac{15}{28} : \frac{5}{7} = \frac{15:5}{28:7} = \frac{3}{4}$. *Le quotient a donc été obtenu en divisant terme à terme.*

De même que la multiplication n'entraîne pas toujours avec elle l'idée d'augmentation, de même la division n'entraîne pas toujours avec elle l'idée de diminution. Dans l'un des exemples précédents où le diviseur était égal à $\frac{7}{9}$, nous avons vu en effet qu'on effectuait la division en prenant les *neuf septièmes* du dividende, ce qui donne évidemment un résultat plus grand que le dividende.

141. Cas où il y a des entiers joints aux fractions. — Lorsqu'il y a des entiers joints aux fractions, on réduit le dividende et le diviseur en une seule expression fractionnaire, et on applique ensuite la règle ordinaire.

Supposons, par exemple, qu'on ait à diviser $4 + \frac{5}{11}$ par $2 + \frac{32}{33}$. On a : $4 + \frac{5}{11} = \frac{49}{11}$; $2 + \frac{32}{33} = \frac{98}{33}$. L'opération est ainsi ramenée à la division de $\frac{49}{11}$ par $\frac{98}{33}$. Le quotient est : $\frac{49 \times 33}{11 \times 98} = \frac{3}{2}$.

142. Usages de la division des fractions. — L'usage qu'on peut faire de la règle de la multiplication des fractions ressort du sens même que nous avons attribué au mot *multiplier*, quand le multiplicateur est fractionnaire; mais la définition de la division ne montre pas immédiatement quel parti on peut tirer des règles que nous venons d'établir. Un exemple suffira pour établir l'utilité de cette règle. On a acheté 7 kilogrammes $\frac{3}{4}$ de marchandises pour 46 francs 1/2. Quel est le prix du kilogramme? Si nous connaissions ce prix, en le multipliant par $7 + \frac{3}{4}$, nous reproduirions évidemment le prix total. Nous obtiendrons donc le prix cherché en divisant $46 + \frac{1}{2}$ par $7 + \frac{3}{4}$, ou, ce qui revient au même, $\frac{93}{2}$ par $\frac{31}{4}$. Appliquant la règle, on trouve : $\frac{93}{2} ; \frac{31}{4} = \frac{93 \times 4}{2 \times 31} = 6$. Chaque kilogramme coûte donc 6 francs.

CHAPITRE III.

NUMÉRATION DES NOMBRES DÉCIMAUX.

145. Numération des nombres décimaux. — Notre système de numération consiste dans la formation d'unités de *différents ordres* qui sont de dix en dix fois plus fortes; de sorte que si nous partons de l'unité *fondamentale*, nous trouvons une série ascendante indéfinie dans laquelle une unité d'un ordre quelconque vaut dix unités de l'ordre immédiatement inférieur. Mais de même que la dizaine est la collection de dix unités, on peut supposer l'unité partagée en dix parties égales ou *dixièmes* et la regarder comme la collection de dix dixièmes; le dixième, à son tour, a été partagé en dix parties égales appelées *centièmes*, parce que l'unité en contient cent; le centième a été partagé en dix parties égales appelées *millièmes*, parce que l'unité en contient mille; le millième a été partagé en *dix-millièmes*, et le dix-millième en dix *cent-millièmes*, le cent-millième en dix *millionièmes*, etc.

Il résulte de ces subdivisions successives qu'on trouve aussi, en partant de l'unité fondamentale, une série descendante qui comprend des unités de dix en dix fois plus petites; ou plutôt les unités des différents ordres ne forment qu'une série indéfinie dans les deux sens et dans laquelle une unité d'un ordre quelconque vaut dix unités de l'ordre immédiatement inférieur.

144. Fractions décimales. Nombres décimaux. — L'évaluation des grandeurs devient très facile avec un pareil système de numération. Supposons d'abord qu'on ait à évaluer une grandeur moindre que l'unité. Elle contiendra un certain nombre de dixièmes moindre que neuf, trois par exemple, et un reste moindre qu'un dixième. Ce reste contiendra un certain nombre de centièmes moindre que neuf, cinq par exemple, avec un nouveau reste moindre qu'un centième; ce nouveau reste contiendra, par exemple, quatre millièmes. Admettons qu'il n'y ait plus de reste ou du moins que celui-ci soit assez petit pour être négligeable. La grandeur sera alors représentée par *trois dixièmes, cinq centièmes, quatre millièmes*. C'est là ce qu'on appelle une *fraction décimale*. On peut donc dire qu'on nomme fraction décimale : *une ou plusieurs parties égales de l'unité divisée en parties de dix en dix fois plus petites*.

Lorsqu'une grandeur contient un certain nombre de fois l'unité, six fois par exemple avec un reste, on évalue ce reste comme nous l'avons fait précédemment. Admettons, par exemple, que le reste comprenne : sept dixièmes, trois centièmes, huit millièmes; la grandeur sera alors représentée par *six unités, sept dixièmes, trois centièmes, huit millièmes*. On donne à cette expression le nom de *nombre décimal*.

145. Remarque sur l'évaluation des grandeurs. — Lorsqu'on veut seulement donner une idée approchée d'une grandeur, on peut se contenter de dire combien elle contient de dixièmes; on dit alors que la grandeur est évaluée *à moins d'un dixième près*. C'est ainsi qu'on dira qu'une longueur est évaluée à moins d'un décimètre près, si l'on sait qu'elle contient plus de 5 décimètres, mais moins de 6.

NUMÉRATION DES NOMBRES DÉCIMAUX.

Lorsqu'on indique le nombre de dixièmes et de centièmes contenus dans une grandeur, on dit qu'elle est évaluée *à moins d'un centième près*. Si l'on sait, par exemple, qu'un poids se compose de 7 décigrammes et de 4 centigrammes avec une partie excédante moindre qu'un centigramme, on dit que le poids est évalué en grammes *à moins d'un centième près*.

On conçoit qu'on peut obtenir des évaluations de plus en plus approchées. Il suffit pour cela d'indiquer le nombre de millièmes, de dix-millièmes..... contenus dans la partie d'unité qu'il s'agit d'évaluer.

146. Propriété fondamentale des nombres décimaux. — On peut écrire les nombres décimaux sous la même forme que les nombres entiers. C'est là leur propriété essentielle, propriété qui résulte immédiatement de la convention fondamentale sur laquelle repose notre système de numération écrite, savoir: *Tout chiffre placé à la droite d'un autre exprime des unités de l'ordre immédiatement inférieur.* Proposons-nous, par exemple, d'écrire le nombre décimal : six unités, sept dixièmes, trois centièmes, huit millièmes. Si nous écrivons d'abord les unités 6 et que nous placions le chiffre 7 à la droite du chiffre 6, ce chiffre 7 exprimera des dixièmes, d'après la convention que nous venons de rappeler. De même, le chiffre 3 placé à la droite du 7 exprimera des centièmes ; de même enfin le chiffre 8 placé à la droite du chiffre 3 exprimera des millièmes. Il suffit donc de connaître le chiffre des unités pour distinguer l'ordre des unités représenté par les différents chiffres qui se trouvent à sa droite ou à sa gauche. Le signe *conventionnel* est une virgule placée entre le chiffre des unités et celui des dixièmes. Le nombre proposé s'écrira donc : 6,738. De même le nombre décimal 128 unités 4 dixièmes 7 millièmes 6 dix-millièmes s'écrira 128,4076. La partie qui se trouve à la gauche de la virgule s'appelle *la partie entière*; les chiffres placés à droite de la virgule portent le nom de *chiffres décimaux*. Dans le cas d'une fraction décimale, la partie entière est remplacée par un zéro. Ainsi, la fraction 7 dixièmes 8 centièmes s'écrira : 0,78.

La convention fondamentale de la numération écrite se trouve ainsi complétée. On peut dire que le rang de chaque chiffre, à partir de la virgule, indique l'ordre des unités, soit vers la gauche dans la série ascendante, soit vers la droite dans la série descendante.

147. Énoncer un nombre décimal écrit. — Proposons-nous d'énoncer le nombre : 37,894. Nous pouvons d'abord l'énoncer de la manière suivante : 37 unités, 8 dixièmes, 7 centièmes, 4 millièmes. Mais au lieu d'énoncer ainsi les unités des différents ordres, ce qui est trop long, remarquons que 9 centièmes valent 90 millièmes et que 8 dixièmes valent 80 centièmes, ou 800 millièmes. Nous pourrons donc dire en rapportant la partie décimale au *millième :* 37 unités 894 millièmes. Nous sommes ainsi amenés à la règle pratique suivante : *Pour énoncer un nombre décimal, on énonce d'abord la partie entière, puis le nombre qui se trouve à droite de la virgule, auquel on ajoute le nom de la dernière unité.* Le nombre 6,3704 s'énonce donc 6 unités 3704 dix-millièmes.

Si nous remarquons que 6 unités valent 60000 dix-millièmes, nous pourrons encore énoncer ce dernier nombre de la manière suivante : 93704 dix-millièmes. *On peut donc lire un nombre décimal en énonçant le nombre entier qui résulterait de la suppression de la virgule et en le faisant suivre du nom de la dernière unité.*

148. Zéros placés à la droite ou à la gauche d'un nombre décimal. — Un nombre décimal ne change pas quand on place des zéros à gauche de la partie entière et à droite de la partie décimale. En effet, chaque chiffre conserve la même valeur absolue et la même valeur relative.

Par exemple, les deux nombres 37,603 et 037,60300 sont égaux, car ils renferment tous les deux le même nombre d'unités, le même nombre de dixièmes, de centièmes et de millièmes.

149. Déplacement de la virgule. — Lorsque, dans un nombre décimal, on déplace la virgule d'un rang vers la droite, on rend ce nombre décimal *dix* fois plus fort. Prenons, par exemple, le nombre 28,704 et déplaçons la virgule d'un rang vers la droite, ce qui donne le nombre 287,04. Je dis que ce dernier nombre est dix fois plus fort que le premier. En effet, dans le premier cas, nous avons 28704 millièmes, tandis que dans le second nous avons 28704 centièmes, et nous savons que chaque centième vaut dix millièmes. On a toujours le même nombre d'unités dans les deux cas; seulement dans le second ce sont des unités dix fois plus fortes. Nous prouverions de la même manière qu'on rend un nombre décimal cent fois plus fort en déplaçant la virgule de deux rangs vers la droite. Si nous prenons, par exemple, le nombre 5,672 et que nous l'écrivions 567,2, nous aurons le même nombre d'unités dans les deux cas; mais dans le premier ce sont des millièmes, tandis que dans le second ce sont des dixièmes; or nous savons que chaque dixième vaut cent millièmes.

Inversement, on rend un nombre décimal dix ou cent fois plus petit, lorsqu'on déplace la virgule d'un ou de deux rangs vers la gauche. Le raisonnement précédent est en tous points applicable. On a toujours le même nombre d'unités, mais dans le nombre modifié ces unités sont dix ou cent fois plus petites.

En général, si l'on déplace la virgule de un, deux, trois, quatre.... rangs vers la droite ou vers la gauche, on rend le nombre décimal dix, cent, mille, dix mille.... fois plus grand ou plus petit. Comme on ne change rien à la valeur d'un nombre décimal par l'addition d'un nombre quelconque de zéros à gauche de la partie entière ou à droite de la partie décimale, il en résulte qu'on peut à volonté, par un déplacement convenable de la virgule, multiplier ou diviser un nombre décimal par une puissance quelconque de 10. Cette règle s'applique d'ailleurs aux nombres entiers. Ainsi, pour diviser le nombre 376 par 100, il suffira de séparer par une virgule *deux* chiffres décimaux vers la droite, ce qui donnera 3,76. Pour diviser le même nombre par 10000, il faudrait séparer *quatre* chiffres décimaux vers la droite; on obtiendrait ainsi par l'addition d'un nombre convenable de zéros : 0,0376.

CHAPITRE IV.

OPÉRATIONS SUR LES NOMBRES DÉCIMAUX[1].

150. Addition. — L'addition des nombres décimaux se fait comme celle des nombres entiers. Cela résulte immédiatement de ce que, pour la série descendante comme pour la série ascendante, une unité d'un ordre quelconque vaut dix unités de l'ordre immédiatement inférieur. Nous nous contenterons donc d'énoncer la règle pratique et de l'appliquer à un exemple.

RÈGLE PRATIQUE. — *On écrit les nombres les uns au-dessous des autres de telle sorte que les unités du même ordre soient dans une même colonne verticale, et on souligne. On fait ensuite la somme des unités contenues dans chaque colonne, en commençant par la droite. Lorsque cette somme dépasse 9, on écrit seulement les unités au-dessous du trait et on reporte les dizaines à la*

---

[1] On pourrait, pour établir la théorie des opérations sur les nombres décimaux, les regarder comme des fractions dont le dénominateur est une puissance de 10, et leur appliquer par conséquent les règles du calcul des fractions ordinaires. Nous avons préféré suivre une autre méthode presque exclusivement fondée sur les principes de la numération et tout aussi rigoureuse. De cette façon, tout ce qui concerne la numération et le calcul des nombres décimaux peut être distrait du livre des fractions et placé immédiatement après les opérations sur les nombres entiers. En adoptant cette marche, on obtient cet avantage de pouvoir habituer les élèves au calcul des nombres entiers et décimaux par la résolution de nombreux problèmes usuels, avant de leur faire aborder l'étude des propriétés des nombres.

colonne suivante. Enfin, on place une virgule à la gauche du chiffre des dixièmes.

Exemple. Faire l'addition suivante :

$3{,}706 + 14{,}6 + 0{,}86 + 8{,}957 + 17{,}294$

$$\begin{array}{r} 3{,}706 \\ 14{,}6 \\ 0{,}86 \\ 8{,}957 \\ 17{,}294 \\ \hline 45{,}417. \end{array}$$

151. Soustraction. — La soustraction des nombres décimaux se fait aussi comme celle des nombres entiers. On écrit le plus petit nombre au-dessous du plus grand, de telle sorte que les unités du même ordre soient dans une même colonne verticale, et on souligne. On retranche ensuite chaque chiffre inférieur du chiffre supérieur correspondant, en commençant par la droite. Si le chiffre inférieur est plus fort que le chiffre supérieur correspondant, on augmente celui-ci de dix unités de son ordre, sauf à augmenter le chiffre inférieur suivant d'une unité du sien. Enfin, on place une virgule à la gauche du chiffre des dixièmes.

Exemple : De 21,763 retrancher 3,958.

$$\begin{array}{r} 21{,}763 \\ 3{,}958 \\ \hline 17{,}805 \end{array}$$

Remarque. — Il pourrait arriver que le plus grand nombre eût moins de chiffres décimaux que le plus petit. Dans ce cas, on opère comme si les chiffres du nombre inférieur avaient le chiffre zéro pour correspondant dans le nombre supérieur.

OPÉRATIONS SUR LES NOMBRES DÉCIMAUX.   115

EXEMPLE. Faire la soustraction suivante : 13,6 — 8,754. Les deux nombres étant disposés d'après la règle, on dira : 4 de 10, 6 et je retiens 1 ; 6 de 10, 4 et je retiens 1 ; 8 de 16, 8 et je retiens 1 ; etc.

$$\begin{array}{r} 13,6 \\ 8,754 \\ \hline 4,846. \end{array}$$

152. Multiplication. — CAS OÙ LE MULTIPLICATEUR EST UN NOMBRE ENTIER. — Lorsque le multiplicande est un nombre décimal et que le multiplicateur est un nombre entier, il n'y a rien à changer à la définition de la multiplication, *l'opération ayant toujours pour but de répéter le multiplicande autant de fois qu'il y a d'unités dans le multiplicateur.*

Proposons-nous, par exemple, de résoudre cette question : Un kilogramme de marchandise coûtant 28^f,75, combien coûteraient 327 kilogrammes ? Il est évident que nous obtiendrions le prix demandé en écrivant 327 fois le nombre 28,75 et en faisant ensuite l'addition. Mais il sera bien plus simple de multiplier 2875 par 327, sans faire attention à la virgule, et de séparer ensuite deux chiffres décimaux à la droite du produit.

$$\begin{array}{r} 28,75 \\ 3,27 \\ \hline 201,25 \\ 575,0 \\ 8625 \\ \hline 9401,25. \end{array}$$

Nous trouvons ainsi que les 327 kilogrammes coûtent 9401^f,25.

L'opération que nous venons d'effectuer n'est autre chose qu'une multiplication dans laquelle notre multiplicande exprimait des centièmes. Nous avions à répéter 327 fois un nombre de centièmes égal à 2875 ; le produit devait donc aussi exprimer des centièmes. Ce raisonnement étant indépendant de la nature et de l'ordre des unités du multiplicande, on en conclut la règle pratique suivante :

Pour multiplier un nombre décimal par un nombre entier, on fait la multiplication comme s'il n'y avait pas de virgule au multiplicande, et l'on sépare à la droite du produit autant de chiffres décimaux qu'il y en a dans le multiplicande.

155. Cas où le multiplicateur est un nombre décimal. — On a souvent besoin de répéter un certain nombre de fois non plus un nombre donné, mais une fraction déterminée de ce nombre. On donne encore, par analogie, à cette opération le nom de multiplication. Supposons, par exemple, qu'on ait à résoudre cette question : Un kilogramme coûtant 28^f,75, combien coûteront 32^{kg},7 ? Comme 32^{kg},7 équivalent à 327 dixièmes de kilogramme, on aura le prix demandé en répétant 327 fois la dixième partie du prix du kilogramme 28^f,75. Dans l'exemple précédent, nous répétions 327 fois le nombre 28,75 lui-même, tandis qu'ici c'est la dixième partie de ce nombre que nous avons à répéter 327 fois. Le problème est le même dans les deux cas ; il n'y a que le poids qui soit changé. On comprend qu'on ait conservé le même nom à l'opération qui conduit au résultat définitif. Nous dirons donc d'une manière générale : *Multiplier par un nombre décimal, c'est répéter un nombre donné de fois la dixième ou la centième, ou la millième... partie d'un autre nombre entier ou décimal.* Il nous reste maintenant à indiquer comment on peut effectuer cette double opération.

Soit à multiplier 28,75 par 32,7. Nous savons que cela signifie qu'il faut répéter 327 fois la dixième partie de 28,75. Prenons donc le dixième du multiplicande,

OPÉRATIONS SUR LES NOMBRES DÉCIMAUX.

ce qui nous donne 2,875, et répétons-le 327 fois. En appliquant la règle établie précédemment (n° 76), nous trouvons pour résultat : 940,125, ainsi que l'indique l'opération.

$$
\begin{array}{r}
2,875 \\
327 \\
\hline
20,125 \\
57,50 \\
862,5 \\
\hline
940,125
\end{array}
$$

Pour obtenir le produit, nous avons dû multiplier 2875 par 327 et séparer à la droite du résultat autant de chiffres décimaux qu'il y en avait dans le multiplicande. Mais par suite de la modification que nous lui avions fait subir, le multiplicande contenait autant de chiffres décimaux qu'il y en avait primitivement dans les deux facteurs. Nous sommes ainsi conduits à la règle pratique suivante : *Pour multiplier entre eux deux nombres décimaux, on multiplie comme s'il n'y avait pas de virgule, et on sépare ensuite à la droite du produit autant de chiffres décimaux qu'il y en a dans les deux facteurs.*

REMARQUE. Il résulte immédiatement de cette règle que si l'on multiplie ou divise un des facteurs par une puissance de 10, le produit subit la même modification que le facteur En effet, pour multiplier ou diviser un des facteurs par cent, par exemple, il faudra déplacer la virgule de *deux* rangs vers la droite ou vers la gauche, et il y aura alors *deux* chiffres décimaux de moins ou de plus dans les deux facteurs. Le produit aura donc aussi *deux* chiffres décimaux de moins ou de plus; il sera donc *cent* fois plus grand ou plus petit.

154. Division. — CAS OU LE DIVISEUR EST UN NOMBRE ENTIER. — Supposons, par exemple, qu'on ait à diviser 4192,768 par 128. Notre dividende représentant un nombre de millièmes égal à 4192768, nous pouvons dire que l'opération a pour but de chercher un nombre de millièmes qui multiplié par 128 reproduise 4192768 millièmes. Nous diviserons donc, suivant la règle ordinaire, le nombre 4192768 par le nombre 128, et nous indiquerons que le quotient exprime des millièmes en séparant *trois* chiffres décimaux à sa droite par une virgule. Nous aurons ainsi pour résultat : 32,756.

```
4192768 | 128
    352 | 32756
    967
    716
    768
      0
```

Notre raisonnement étant complètement indépendant du nombre et de l'ordre des unités représentées par le dividende, nous pouvons établir la règle pratique suivante : *Pour diviser un nombre décimal par un nombre entier, on fait la division comme s'il n'y avait pas de virgule au dividende, et l'on sépare à la droite du quotient autant de chiffres décimaux qu'il y en a dans le dividende.*

155. REMARQUE SUR LE CAS PRÉCÉDENT. — La division précédente se faisait sans reste ; or, le plus souvent, le dividende n'est pas exactement divisible par le diviseur. Supposons, par exemple, qu'on ait à diviser 178,25 par 32. Le nombre 17825 n'étant pas exactement divisible par 32, nous ne pouvons plus dire que nous cherchons un nombre de centièmes qui multiplié par 32 reproduise 17825 centièmes; mais nous cherchons le nombre de centièmes, qui multiplié par 32 donne le plus grand nombre de centièmes contenu dans 17825 centièmes. Nous devrons donc encore diviser 17825 par 32, suivant la règle ordinaire, et indiquer que le quotient exprime des centièmes en séparant *deux* chiffres décimaux à sa droite. Notre règle subsiste

OPÉRATIONS SUR LES NOMBRES DÉCIMAUX. 119

donc, que le dividende soit ou non exactement divisible par le diviseur.

```
178,25 | 32
 18,2  | 5,57
  2,25
     1
```

On voit, d'après le tableau de l'opération, qu'en multipliant 557 par 32, on a moins que le dividende, tandis qu'on aurait un produit plus grand que le dividende si l'on multipliait 558 par 32. On aura donc la série d'inégalités :

$5,57 \times 32 < 178,25 < 5,58 \times 32$. (155, Remarque.)

Nous avons donc ainsi deux nombres de centièmes qui diffèrent entre eux d'une unité et dont les produits par le diviseur comprennent le dividende; c'est ce qu'on appelle avoir le quotient *à moins d'un centième près*.

Par l'addition d'un nombre convenable de zéros à la droite du dividende, on peut lui faire exprimer des unités d'un ordre quelconque. Par suite, on pourra toujours s'arranger de telle sorte que le quotient exprime des unités d'un ordre déterminé. Supposons, par exemple, qu'on ait à diviser : 3,8 par 12. Au lieu de chercher le nombre de dixièmes qui multiplié par 12 donne le plus grand nombre de dixièmes contenu dans le dividende, nous pouvons chercher le nombre de millièmes qui, multiplié par 12, donne le plus grand nombre de millièmes contenu dans le dividende. Faisons donc d'abord exprimer des millièmes au dividende par l'addition de deux zéros, et divisons le nombre 3800 par 12. nous trouvons pour quotient 316, et comme le dividende exprime des millièmes, ce quotient doit aussi exprimer des millièmes; nous l'écrivons donc : 0,316. Dans la pratique, on se dispense d'écrire les zéros à la droite du dividende; on les place successivement à la droite des restes, lorsqu'il y a lieu, et l'opération est alors disposée de la manière suivante :

$$\begin{array}{r|l} 3,8 & 12 \\ 20 & \overline{0,316} \\ 80 & \\ 8 & \end{array}$$

Nous reviendrons plus tard sur ce sujet et nous ferons voir comment un quotient peut être évalué en décimales avec une approximation déterminée. Pour le moment, nous avons seulement pour but d'apprendre à effectuer la division en nous contentant de faire exprimer au quotient des unités de l'ordre du dividende.

156. Division dans le cas où le diviseur est un nombre décimal. — Soit à diviser le nombre 75,8927 par le nombre 3,84. Supprimons la virgule du diviseur, ce qui le rend *cent* fois plus fort, et rendons aussi le dividende *cent* fois plus fort en déplaçant sa virgule de deux rangs vers la droite.

Divisons alors le nombre 7589,27 par le nombre entier 384 d'après la règle établie précédemment (n° **154**.)
Nous trouvons pour quotient 19,76 :

$$\begin{array}{r|l} 7589,27 & 384 \\ 3749 & \overline{19,76} \\ 2932 & \\ 2447 & \\ 143 & \end{array}$$

Il nous reste à prouver que 19,76 est le quotient des deux nombres donnés, c'est-à-dire que nous multiplions 19,76 par 3,84 nous aurons un nombre plus petit que le dividende, tandis qu'en multipliant 19,77 par 3,84 nous aurions un nombre plus grand que le dividende. Il résulte en effet de l'opération que nous avons effectuée que nous avons la série d'inégalités :

$$19,76 \times 3,84 < 7589,27 < 19,77 \times 384.$$

OPÉRATIONS SUR LES NOMBRES DÉCIMAUX. 121

Si nous divisons chacun de ces nombres par 100, les inégalités subsisteront dans le même sens. Or, pour diviser un produit de deux facteurs par 100, il suffit de rendre un des facteurs cent fois plus petit. (155, Remarque.) Nous aurons donc :

19,76 × 3,84 < 75,8927 < 19,77 × 3,84. C. Q. F. D.

Donc, quand le diviseur est un nombre décimal, on fait la division d'après la règle suivante :

On supprime la virgule du diviseur et on l'avance dans le dividende d'autant de rangs vers la droite qu'il y a de chiffres décimaux au diviseur. On n'a plus alors qu'à appliquer la règle de la division dans le cas où le diviseur est un nombre entier.

157. Conversion d'une fraction ordinaire en fraction décimale. — Nous savons comment on effectue la division d'un nombre décimal par un nombre entier. D'ailleurs, comme l'addition d'un nombre convenable de zéros à la droite du dividende entier ou décimal permet de lui faire exprimer des unités décimales d'un ordre déterminé, nous pouvons dire, en nous reportant aux règles des numéros 78 et 79, que nous pouvons effectuer la division d'un nombre entier ou décimal, par un nombre entier, de manière à faire exprimer au quotient des unités d'un ordre assigné d'avance.

Or il a été démontré qu'une fraction ordinaire exprime le quotient de la division de son numérateur par son dénominateur. Nous n'avons donc, pour convertir une fraction ordinaire en fraction décimale, qu'à appliquer les règles que nous venons de rappeler. Nous donnerons seulement deux exemples :

1° Convertir en fraction décimale la fraction ordinaire $\frac{7}{8}$.

$$\begin{array}{r|l} 70 & 8 \\ 60 & \overline{0,875} \\ 40 & \\ 0 & \end{array}$$

Après trois divisions, nous trouvons pour reste zéro; le quotient est 0,875. Nous pourrons donc écrire :

$$\frac{7}{8} = 0,875.$$

2° Convertir en fraction décimale la fraction $\frac{7}{11}$.

```
70 | 11
40 | 0,6363
70
```

Après deux divisions, nous retombons sur le premier dividende 70. Nous sommes ainsi certains que l'opération se continuera indéfiniment, de sorte qu'il est impossible d'exprimer exactement la fraction $\frac{7}{11}$ en décimales.

Deux cas principaux peuvent donc se présenter dans la conversion des fractions ordinaires en décimales. Ou l'on arrive à un reste nul, et on a alors l'expression exacte de la fraction donnée en décimales ; ou l'opération ne se termine pas, et on ne peut avoir qu'une expression plus ou moins approchée de la fraction donnée, suivant le nombre de chiffres que l'on prend au quotient. Il nous reste maintenant à apprendre à distinguer ces deux cas.

158. Condition nécessaire et suffisante pour qu'une fraction ordinaire irréductible puisse être convertie exactement en décimales. — Supposons d'abord que le dénominateur de la fraction ne renferme que les facteurs 2 et 5. Si les exposants de ces facteurs sont égaux, le dénominateur est une puissance de 10. Il est évident alors que la conversion en décimales est possible exactement, puisqu'on peut dire qu'une fraction décimale n'est autre chose qu'une fraction ordinaire qui a pour dénominateur une puissance de 10 (n° 147).

Lorsque les exposants des facteurs 2 et 5 sont inégaux, on peut, en multipliant les deux termes de la fraction par une puissance convenable de 2 ou de 5, ce qui ne

CALCUL DES FRACTIONS.   123

change pas sa valeur, rendre le dénominateur une puissance de 10, et on retombe ainsi sur le cas précédent. Prenons, par exemple, la fraction $\frac{13}{50} = \frac{13}{2 \times 5^2}$. En multipliant ses deux termes par 2, elle devient $\frac{26}{100} = 0,26$.

Le nombre des chiffres décimaux est nécessairement égal au plus haut exposant de 2 ou 5 dans le dénominateur.

Si le dénominateur de la fraction contient d'autres facteurs premiers que 2 ou 5, avec ou sans ces facteurs, on fera la conversion en multipliant le numérateur par une puissance de 10, et en effectuant la division du produit obtenu par le dénominateur. Mais en multipliant le numérateur par une puissance de 10, on n'introduit dans le dividende que les facteurs 2 et 5; on n'arrivera donc jamais à un reste nul, puisque le diviseur contiendra des facteurs premiers qui n'entreront pas dans le dividende (n° 108).

Ainsi, quand le dénominateur d'une fraction ne contient pas d'autres facteurs premiers que 2 ou 5, on peut la convertir exactement en décimales; si la fraction est réduite à sa plus simple expression, et que son dénominateur contienne d'autres facteurs premiers que 2 et 5, la conversion n'est pas possible exactement.

Donc : *Pour qu'une fraction ordinaire irréductible puisse être convertie exactement en décimales, il faut et il suffit que son dénominateur ne contienne pas d'autres facteurs premiers que 2 et 5; le nombre des chiffres décimaux est égal au plus haut exposant de 2 ou 5 dans le dénominateur.*

159. Expression d'un quotient illimité avec une approximation déterminée.—Il résulte de ce qui précède que toutes les fois que le dénominateur d'une fraction irréductible contient d'autres facteurs premiers que 2 et 5, le quotient est illimité. Dans ce cas, si l'on ne peut avoir une expression exacte de la fraction donnée en décimales, on peut du moins avoir une valeur approchée de cette fraction avec une approximation aussi grande qu'on le veut. Reprenons, par exemple, la fraction $\frac{7}{11}$. Si nous nous arrêtons après la deuxième division, nous voyons que la fraction $\frac{7}{11}$ est égale à 0,63, plus une fraction de centièmes égale à $\frac{7}{11}$. Nous pouvons donc dire que 0,63 représente la fraction $\frac{7}{11}$ *à moins de un centième près*. La fraction de centième que nous négligeons ainsi étant plus grande que $\frac{1}{2}$, puisque le numérateur 7 est plus grand que la moitié du dénominateur 11, il en résulte que la fraction proposée est plus près de 0,64 que de 0,63 ; nous pouvons donc prendre pour sa valeur approchée 0,64 par excès, *à moins de un demi-centième près*.

En prenant un chiffre de plus, nous voyons que la fraction $\frac{7}{11}$ est égale à 0,636, plus une fraction de millième égale à $\frac{4}{11}$. La fraction $\frac{7}{11}$ est donc comprise entre 0,636 et 0,637. En prenant l'un ou l'autre de ces nombres, nous aurons la valeur approchée de $\frac{7}{11}$ *à moins de un millième près*. Mais si l'on prend la valeur approchée par défaut 0,636, l'erreur est moindre que *un demi-millième*, car la fraction de millième négligée $\frac{4}{11}$ est moindre que $\frac{1}{2}$, puisque 4 est moindre que la moitié de 11.

Le raisonnement que nous venons de faire étant indépendant des valeurs particulières attribuées aux termes de la fraction, nous concluons qu'on pourra toujours obtenir avec une approximation aussi grande qu'on le voudra, l'expression d'une fraction ordinaire en décimales, lorsque la conversion conduira à un quotient illimité. En s'arrêtant à un chiffre quelconque du quotient l'erreur est moindre qu'une unité décimale de l'ordre de ce chiffre. D'ailleurs en prenant le quotient par défaut ou par excès, suivant que le reste correspondant est plus petit ou plus grand que la moitié du diviseur, l'erreur commise est moindre qu'une demi-unité de l'ordre du dernier chiffre conservé.

160. Un quotient illimité est toujours périodique. — Lorsqu'une fraction ordinaire convertie en décimales

CALCUL DES FRACTIONS.   125

donne lieu à un quotient illimité, les chiffres de ce quotient se reproduisent périodiquement dans le même ordre, soit à partir de la virgule, soit à partir d'un certain rang plus ou moins éloigné de la virgule. C'est ce qu'on exprime en disant que le quotient est *périodique*. La raison de cette périodicité est des plus simples. Les restes auxquels conduisent les divisions successives sont moindres que le diviseur. Par conséquent, après un nombre d'opérations *au plus égal au diviseur diminué d'une unité*, on retombera nécessairement sur un des restes précédemment obtenus. On recommencera alors, *dans le même ordre*, les opérations déjà faites, et, par suite, les mêmes chiffres se reproduiront au quotient.

La fraction $\frac{7}{11}$ nous donne l'exemple d'un quotient illimité, dans lequel les chiffres du quotient se reproduisent périodiquement à partir de la virgule. Après *deux* divisions, on retombe sur le premier dividende 70, de sorte que les chiffres 6 et 3 se reproduisent indéfiniment. On a ainsi ce qu'on appelle un *quotient périodique simple*:

$$0,636363....$$

Le nombre 63 formé par les chiffres qui se reproduisent périodiquement prend le nom de *période*.

De même, la fraction $\frac{13}{28}$ convertie en décimales donne un quotient illimité :

$$0,46428571428571....$$

La période, composée ici de six chiffres, ne commence que *deux* chiffres après la virgule. On dit que ce quotient est *périodique mixte*. Les chiffres qui précèdent la première période sont appelés *chiffres irréguliers*.

CHAPITRE V.

SYSTÈME MÉTRIQUE.

161. Notions générales. — Nous avons déjà dit que mesurer une grandeur, c'est la comparer à une grandeur fixe de même nature qu'on appelle *unité* et qui sert à évaluer toutes les grandeurs de même espèce. Les grandeurs dont nous avons à nous occuper dans ce chapitre sont : les *longueurs*, les *surfaces*, les *volumes*, les *poids* et les *monnaies*.

L'unité étant complètement arbitraire, on conçoit que les unités adoptées pour les mesures des diverses grandeurs pourraient n'avoir entre elles aucune liaison. Mais on a cherché au contraire à établir entre les différentes unités des liens très étroits. Ainsi, toutes nos mesures actuelles ont pour base l'unité de longueur ou *mètre*. C'est pourquoi l'on a donné à l'ensemble de ces mesures le nom de *système métrique*. On l'appelle encore quelquefois système *légal* des poids et mesures, parce qu'il est le seul autorisé en France depuis 1840.

Les premiers travaux entrepris pour l'établissement du système métrique remontent à l'année 1791. Il a été réglé de telle sorte qu'une grandeur quelconque puisse être exprimée par un nombre entier ou décimal, et qu'il suffise d'un simple déplacement de la virgule ou de l'addition d'un nombre convenable de zéros au

SYSTÈME MÉTRIQUE. 127

nombre qui représente une grandeur pour changer d'unité.

La nomenclature du système métrique est des plus simples. On a d'abord imaginé *six* mots pour désigner les unités principales, savoir : MÈTRE pour les longueurs; ARE pour les mesures agraires; STÈRE pour le bois de chauffage; LITRE pour les mesures de capacité; GRAMME pour les poids; FRANC pour les monnaies.

Les noms des mesures supérieures à l'unité ont été formés en plaçant devant le nom de l'unité *quatre mots : déca, hecto, kilo, myria*, qui viennent du grec et qui signifient : dix, cent, mille, dix mille. Les noms des mesures inférieures à l'unité ont été formés en plaçant devant le nom de l'unité les mots : *déci, centi, milli*, qui viennent du latin et signifient : dixième, centième, millième.

Treize mots suffisent donc pour établir la nomenclature du système métrique.

MESURES DE LONGUEUR.

162. Mètre. Multiples et Sous-Multiples. — L'unité principale pour les longueurs est le *mètre*. Sa grandeur a été liée aux dimensions du sphéroïde terrestre (fig. 1). Par des procédés dont nous n'avons pas à nous occuper ici, on a pu évaluer la distance du pôle à l'équateur ou le quart du méridien terrestre; le mètre est la *dix-millionième* partie de cette distance. On a construit et déposé aux archives une règle ou *étalon* en platine qui donne la longueur du mètre à la température de la glace fondante.

On a formé ensuite, au moyen du mètre, des unités de dix en dix fois plus grandes. Ce sont : le *décamètre* ou 10 mètres; l'*hectomètre* ou 100 mètres; le *kilomètre* ou 1000 mètres; le *myriamètre* ou 10 000 mètres.

Pour mesurer les petites longueurs, on a subdivisé le

mètre en parties de dix en dix fois plus petites : le *décimètre*, ou 0^m,1 ; le *centimètre*, ou 0^m,01 ; le *millimètre*, ou 0^m,001.

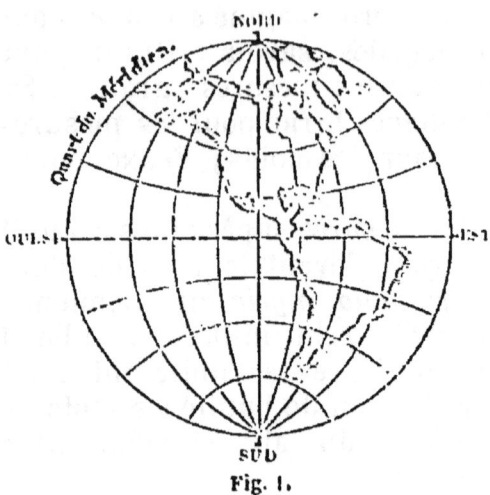

Fig. 1.

La loi autorise encore l'emploi des doubles et des moitiés de ces mesures.

Pour indiquer qu'un nombre exprime des mètres, on écrit la lettre *m* à sa droite et un peu au-dessus. Les multiples et les sous-multiples du mètre se désignent abréviativement de la manière suivante : *Dm, Hm, Km, Mm* pour les multiples et suivant l'ordre de grandeur croissante, et *dm, cm, mm*, pour les sous-multiples et suivant l'ordre de grandeur décroissante.

Au moyen des unités des différents ordres dont nous venons de donner la nomenclature, une longueur quelconque peut être représentée par un nombre entier ou décimal. Par exemple, 5 décimètres s'écriront indifféremment : 5^dm ou 0^m,5. Le nombre 208^m,745 représente 208 mètres 745 millièmes. Si l'on voulait rapporter la même longueur au centimètre, il suffirait évidemment de déplacer la virgule de *deux* rangs vers la droite, ce qui donnerait : 20874^cm,5 ; la même longueur rapportée à l'hectomètre donnerait le nombre : 2^Hm,08745 qu'on énoncerait : 2 hectomètres 8745 cent-millièmes.

On prend ordinairement le mètre pour unité principale lorsqu'on a à évaluer des longueurs de moyenne étendue. On lui donne diverses formes et on le fait de différentes matières; on en construit qu'on peut plier en dix parties (fig. 2). Dans tous les cas, le mètre porte sur

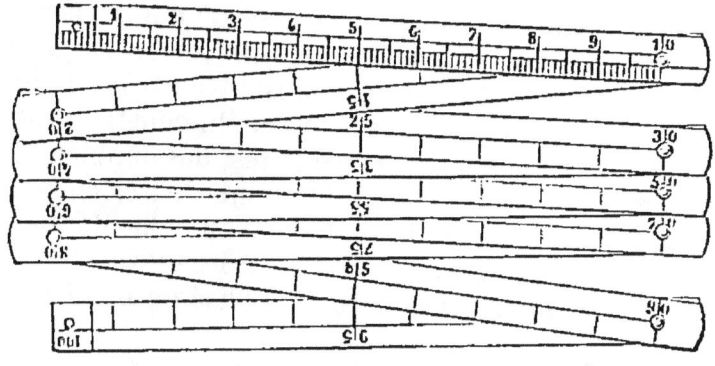

Fig. 2.

toute sa longueur la division en décimètres et centimètres, et le premier centimètre est ordinairement divisé en millimètres.

Dans la mesure des terrains, on prend généralement le décamètre comme unité principale. C'est la longueur

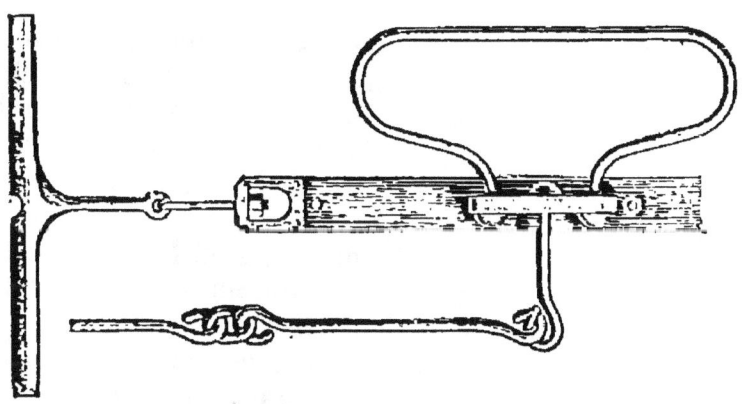

Fig. 3.

de la chaîne des arpenteurs, formée de 50 chaînons de fer, longs chacun de 2 décimètres (fig. 3). On trouve aussi dans le commerce des rubans qui ont la longueur du décamètre. On les enroule, à l'aide d'une manivelle, dans des boîtes appelées *roulettes;* ces rubans sont divisés en centimètres.

Pour les petites longueurs, l'unité principale est le millimètre. Ainsi, on dit que l'épaisseur d'une glace est de 2 millimètres 5 dixièmes, et on écrit : $2^{mm},5$. En mètres, cette épaisseur serait représentée par le nombre : $0^m,0025$, ce qui serait moins simple. On construit, pour l'évaluation des longueurs très-petites, des doubles décimètres en buis ou en ivoire qui sont divisés en centimètres et millimètres. Quelquefois on leur donne la forme d'un prisme triangulaire et on les divise sur deux arêtes ; le premier centimètre est divisé en demi-millimètres.

On voit, par ce qui précède, que lorsqu'une longueur est exprimée au moyen d'une unité quelconque, on peut l'évaluer très-facilement à l'aide d'une quelconque des autres unités. Il suffit de multiplier ou de diviser le premier nombre par une puissance de 10, c'est-à-dire de déplacer la virgule d'un certain nombre de rangs, soit vers la droite, soit vers la gauche.

165. Unités adoptées pour les distances itinéraires.
— Comme mesures itinéraires, on emploie le kilomètre et le myriamètre. Les kilomètres sont marqués sur le bord des routes à l'aide de bornes ou de poteaux. On se sert aussi de la *lieue métrique* ou longueur de 4 kilomètres.

En géographie, les unités adoptées sont la *lieue terrestre* et la *lieue marine*. Chaque degré du méridien comprend 25 lieues terrestres et 20 lieues marines ; comme on sait que le quart du méridien terrestre est de 90 degrés, il est facile d'en déduire l'expression en mètres de ces mesures géographiques. S'il s'agit, par exemple, de la lieue terrestre, on dira :

La longueur du quart du méridien ou de l'arc de 90 degrés est de : 10 000 000 de mètres ;

SYSTÈME MÉTRIQUE.

La longueur de l'arc de 1 degré ou de 25 lieues terrestres est donc : $\dfrac{10\,000\,000}{90}$.

Par suite, la longueur de la lieue est de

$$\dfrac{10\,000\,000}{90 \times 25} = 4444^m,444.$$

Un raisonnement et un calcul analogues donnent pour la longueur de la lieue marine : $\dfrac{10\,000\,000}{90 \times 20} = 5555^m,555.$

MESURES DE SURFACE.

164. Mètre carré. Multiples et Sous-Multiples. — Quelle que soit la figure formée par les lignes qui terminent la surface qu'on a à mesurer, on est d'abord obligé, pour arriver à l'évaluation de la surface, de mesurer certaines longueurs. On prend alors pour unité de surface le *carré construit sur l'unité de longueur adoptée*. On forme le nom de l'unité de surface en faisant précéder le mot *carré* du nom de l'unité de longueur. Ainsi, quand on dit *mètre carré* ou *hectomètre carré*, cela veut dire : carré construit sur le mètre ou carré construit sur l'hectomètre. Si nous regardons le mètre carré comme l'unité principale, nous aurons donc, comme pour les mesures de longueur, des multiples et des sous-multiples dont voici la nomenclature : *Myriamètre carré* (Mm. q.); *Kilomètre carré* (Km. q.); *Hectomètre carré* (Hm. q.); *Décamètre carré* (Dm. q.); **Mètre carré** (m. q.); *Décimètre carré* (dm. q.); *centimètre carré* (cm. q.); *millimètre carré* (mm. q.).

Nous pouvons regarder ces différentes mesures comme des unités de différents ordres; seulement, tandis qu'une unité quelconque de longueur vaut *dix* unités de l'ordre immédiatement inférieur, une unité quelconque de surface vaut *cent* unités de l'ordre immédiatement inférieur. Démontrons, par exemple, qu'un mètre carré vaut 100 décimètres carrés.

Imaginons (fig. 4) une bande rectangulaire ayant 1 mètre ou 10 décimètres de long et 1 décimètre de hau-

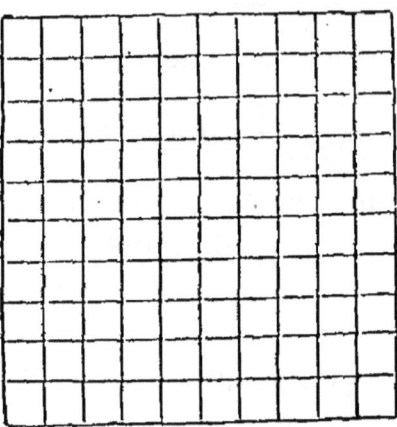

Fig. 4.

teur; cette bande comprend évidemment 10 décimètres carrés. En superposant dix bandes semblables, nous formerons un carré ayant 1 mètre de longueur et 1 mètre de hauteur; ce sera donc le carré construit sur le mètre ou le mètre carré. Or, cette figure se compose de dix bandes contenant chacune 10 décimètres carrés; elle contient donc 100 décimètres carrés. C. Q. F. D.

Il résulte de ce qui précède que nous pouvons regarder les différentes unités de surface comme formant deux séries à partir de l'unité fondamentale ou mètre carré : l'une ascendante et comprenant des unités de cent en cent fois plus fortes, l'autre descendante et comprenant des unités de cent en cent fois plus faibles.

Mesurer une surface, c'est chercher combien elle contient d'unités de chaque ordre. Puisqu'il peut y avoir jusqu'à 99 unités de chaque ordre, la surface sera représentée par un nombre entier ou décimal, en ayant soin d'affecter deux chiffres à chaque ordre d'unité. Supposons, par exemple, qu'on ait trouvé qu'une surface contient 7 décamètres carrés, 8 mètres carrés, 94 décimètres carrés. Si nous prenons le mètre carré pour unité principale, la surface sera représentée par le nombre décimal : 708^{mq},94. D'ailleurs, nous changerons facilement d'unité en multipliant ou divisant le nombre précédent par 100, selon que nous prendrons une unité cent fois plus petite ou cent fois plus grande.

Supposons qu'une surface soit exprimée par le nombre 15^{mq},763 en prenant le mètre carré pour unité principale. On pourra dire que la surface contient 15 mètres carrés 763 millièmes. Si l'on veut énoncer les nombres des unités de chaque ordre que contient la surface, on dira : 15 mètres carrés 76 décimètres carrés 30 centimètres carrés. Si l'on prenait le centimètre carré pour unité principale, la surface serait exprimée par le nombre 157630^{cmq}.

165. Mesures agraires. — Pour évaluer la surface des terrains, on a adopté comme unité fondamentale le décamètre carré, qu'on appelle alors *are*. L'are n'a qu'un seul multiple, l'*hectare* qui vaut cent ares, et un seul sous-multiple, le *centiare* ou centième d'are.

L'are valant 100 mètres carrés, l'hectare vaut 10 000 mètres carrés et correspond par conséquent à l'hectomètre carré. Le centiare correspond au mètre carré.

Nous avons dit qu'on ne prenait pour unités de surface que des carrés. C'est pourquoi le *décare* et le *déciare* ont été rejetés du système des mesures agraires. En effet, le décare vaudrait 1000 mètres carrés et le déciare 10 mètres carrés. Or, la surface d'un carré s'obtient en multipliant par lui-même le nombre qui exprime la longueur de son côté ; il faudrait donc que le côté du décare multiplié par lui-même reproduisît le nombre 1000. Nous verrons plus loin qu'il n'existe ni nombre entier ni nombre fractionnaire qui, multiplié par lui-même, puisse donner 1000 ou 10. On ne peut donc construire ni décare, ni déciare, puisqu'il est impossible d'obtenir exactement la longueur du côté.

MESURES DE VOLUME.

166. Mètre cube. Multiples et Sous-Multiples. — On appelle *cube* un volume ayant la forme d'un dé à jouer, c'est-à-dire terminé par six faces carrées égales entre elles; tous les côtés du cube ont donc la même longueur.

On prend pour unités de volume les cubes construits sur les différentes unités de longueur. L'unité fondamentale est le *mètre cube* ou cube construit sur le mètre qu'on désigne par le signe m. c. Ses multiples et ses sous-multiples sont : le *décamètre cube* (Dm. c.), l'*hectomètre cube* (Hm. c.), le *kilomètre cube* (Km. c.), le *myriamètre cube* (Mm. c.); le *décimètre cube* (dm. c.), le *centimètre cube* (cm. c.) et le *millimètre cube* (mm. c.).

Ici encore, nous avons des unités de différents ordres, et il est facile de faire voir qu'une unité d'un ordre quelconque vaut 1000 unités de l'ordre immédiatement inférieur. Démontrons, par exemple, que le mètre cube vaut 1000 décimètres cubes.

Prenons un carré (fig. 5.) de 1 mètre de côté; nous savons qu'il contient 100 décimètres carrés. Plaçons sur chacun d'eux un décimètre cube; nous formerons ainsi une tranche ayant 1 mètre carré de base et 1 décimètre de hauteur et comprenant 100 décimètres cubes. En superposant dix tranches semblables, nous obtiendrons un cube ayant 1 mètre carré de base et 1 mètre de hauteur; ce sera donc le mètre cube. Or, il se compose de dix tranches contenant chacune 100 décimètres cubes; il contient donc 1000 décimètres cubes. C. Q. F. D.

Nous pouvons donc regarder les différentes unités de volume comme formant deux séries, à partir de l'unité fondamentale ou mètre cube : l'une ascendante et comprenant des unités de mille en mille fois plus fortes, l'autre descendante et comprenant des unités de mille en mille fois plus faibles.

Mesurer un volume, c'est chercher combien il contient d'unités de chaque ordre. Puisqu'il peut y avoir jusqu'à

999 unités de chaque ordre, le volume sera représenté par un nombre entier ou décimal, en ayant soin d'affec-

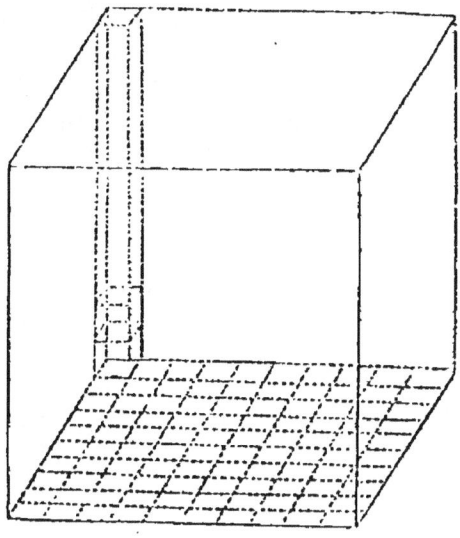

Fig. 5.

ter 3 chiffres à chaque ordre d'unités. Supposons, par exemple, qu'on ait trouvé qu'un volume contient 84 décamètres cubes 762 mètres cubes 95 décimètres cubes. Si nous prenons le mètre cube pour unité principale, le volume sera représenté par le nombre décimal : $84762^{mc},095$. D'ailleurs, nous changerons facilement d'unité en mulipliant ou divisant par 1000, selon que nous prendrons une unité mille fois plus petite ou mille fois plus grande.

Supposons qu'un volume soit exprimé par le nombre : $4081^{mc},7632$ en prenant le mètre cube pour unité principale. On pourra dire que le volume contient : 4081 mètres cubes 7632 dix-millièmes. Si l'on veut énoncer les nombres des unités des différents ordres que contient le volume, on dira : 4 décamètres cubes 81 mètres cubes 763 décimètres cubes 200 centimètres cubes. Si l'on prenait le centimètre cube pour unité principale, le volume serait exprimé par le nombre : $4\,081\,763\,200^{cmc}$.

167. Mesures pour le bois de chauffage. — Lorsqu'on veut mesurer le bois de chauffage, on prend pour unité le mètre cube, auquel on donne alors le nom de *stère*. Le stère n'a qu'un seul multiple, le *décastère*, et un seul sous-multiple, le *décistère*. On donne assez souvent au double stère le nom de *voie métrique*.

Le stère qu'on emploie dans les chantiers pour mesurer le bois se compose (fig. 6) d'une traverse horizontale

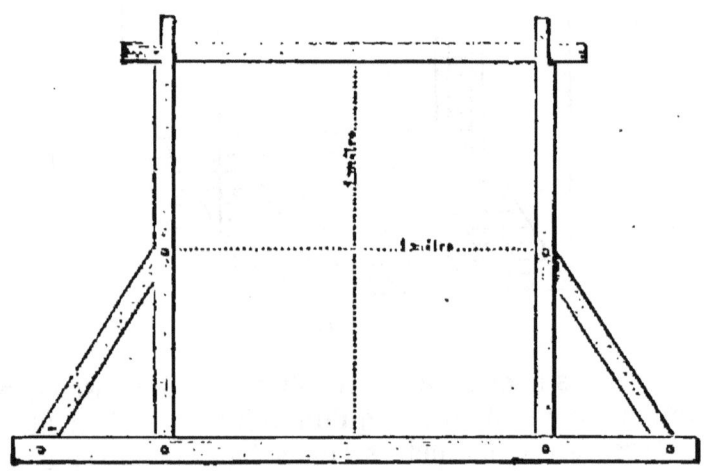

Fig. 6.

nommée *sole*, aux deux extrémités de laquelle s'élèvent deux montants verticaux soutenus extérieurement par deux pièces appelées *contre-fiches*. Les deux montants ont 1 mètre de hauteur et leur distance intérieure est aussi de 1 mètre. Il résulte de cette disposition que si l'on couche horizontalement sur la sole des bûches de 1 mètre et qu'on superpose plusieurs rangées de bûches jusqu'à ce que l'appareil soit plein, on obtiendra un mètre cube ou stère de bois.

Le bois de chauffage se vend aussi au poids. La voie métrique de chêne sec pèse environ 800 kilogrammes, de sorte que 1000 kilogrammes de bois de cette essence représentent à peu près $2^m,5$.

SYSTÈME MÉTRIQUE. 137

168. Mesures de capacité. — L'unité fondamentale des mesures de capacité pour les liquides et les matières sèches est le décimètre cube qui prend le nom de *litre*. On a adopté pour les mesures de capacité la forme cylindrique, qui se prête mieux que la forme cubique aux usages auxquels ces mesures sont destinées. Les multiples du litre sont : le *décalitre* (Dl) et l'*hectolitre* (Hl); les sous-multiples sont : le *décilitre* (dl) et le *centilitre* (cl). On emploie aussi fréquemment les doubles et les moitiés des mesures précédentes.

Les mesures pour les liquides sont en étain; le cylindre a une hauteur double de son diamètre (fig. 7). Les

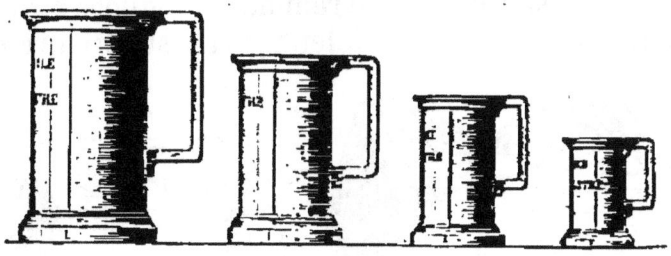

Fig. 7.

dimensions du litre sont : diamètre, 86 millimètres; hauteur, 172 millimètres.

Pour les matières sèches, telles que les grains, les me-

Fig. 8

sures sont en bois. La hauteur du cylindre est égale à son diamètre (fig. 8).

MESURES DE POIDS.

169. Mesures de poids. — L'unité de poids est le *gramme* (*gr.*). C'est le poids *dans le vide* d'un centimètre cube d'eau *distillée* prise à la température de 4 degrés au-dessus du zéro du thermomètre centigrade.

Les multiples du gramme sont : le *décagramme* (*Dg*), l'*hectogramme* (*Hg*), le *kilogramme* (*Kg*), le *myriagramme* (*Mg*) ; les sous-multiples sont : le *décigramme* (*dg*), le *centigramme* (*cg*), le *milligramme* (*mg*). On emploie aussi les poids doubles et moitiés des précédents.

Les gros poids sont en fer ; ceux de 50 et de 20 kilogrammes ont la forme de pyramides tronquées à quatre pans (fig. 9) et sont munis à leur partie supérieure d'un

Fig. 9.

anneau qui permet de les manier plus facilement. Les poids de 10, 5, 2 et 1 kilogramme ont la forme de pyra-

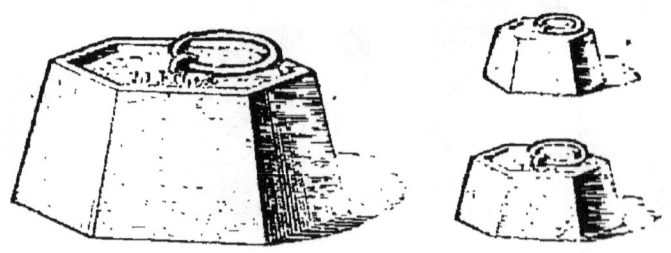

Fig. 10.

mides tronquées à six pans et portent aussi un anneau (fig. 10).

Les poids de 200 grammes et au-dessous, jusqu'au gramme inclusivement, sont en *laiton*. Ce sont des cylindres pleins surmontés d'un bouton du même métal (fig. 11). Les poids inférieurs sont des lames minces

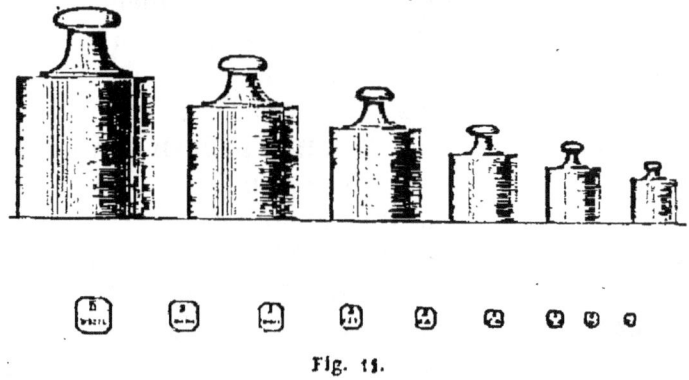

Fig. 11.

généralement en *aluminium*, taillées en carrés ou en octogones.

Pour les pesées ordinaires, on se sert du gramme et de ses multiples. Les sous-multiples du gramme ne sont guère employés que dans les laboratoires de physique et de chimie, dans les pharmacies et pour les métaux précieux.

Lorsqu'on a à évaluer des poids considérables, on prend pour unité le *quintal métrique* ou mesure de 100 kilogrammes, et le *tonneau* ou mesure de 1000 kilogrammes. Le chargement des navires s'évalue en tonneaux. Quand on dit un navire de 500 tonneaux, par exemple, cela signifie que le bâtiment et sa charge ont un poids total de 500 000 kilogrammes; il déplace environ 500 mètres cubes d'eau.

170. Correspondance entre les unités de poids et les unités de volume. — La correspondance entre les unités de volume et les unités de poids est facile à établir. Le gramme étant le poids d'un centimètre cube d'eau, il en résulte qu'un décimètre cube du même liquide qui contient 1000 centimètres cubes pèse 1000 grammes ou 1 kilogramme; 1 mètre cube qui contient 1000 décimètres cubes pèse 1000 kilogrammes; 1 millimètre cube d'eau, qui est la millième partie du centimètre cube, pèse 1 milligramme. En général, on peut dire que le poids et le volume d'une certaine quantité d'eau distillée à 4 degrés sont exprimés par le même nombre. Ainsi, $12^1,54$ d'eau pèsent dans ces conditions: $12^{k},54$.

Lorsqu'il s'agit de corps autres que l'eau, on déduit facilement leur poids de leur volume, pourvu que l'on connaisse leur *densité*, c'est-à-dire le quotient du poids d'un certain volume du corps par le poids d'un égal volume d'eau. Ainsi, le plomb a pour densité 11,35; 1 décimètre cube d'eau pesant 1 kilogramme, 1 décimètre cube de plomb pèse donc $11^{k},35$. Par suite, si l'on a un certain nombre de décimètres cubes de plomb, on aura leur poids en kilogrammes en multipliant 11,35 par le nombre qui exprime le volume.

En général, *le poids d'un corps s'obtient en multipliant son volume par sa densité*; le produit obtenu exprime le poids en kilogrammes ou en grammes, suivant que le volume est rapporté au décimètre cube ou au centimètre cube.

MONNAIES.

171. Monnaies d'argent. — L'unité monétaire est le *franc*. C'est une *pièce* d'argent pesant 5 grammes et ayant la forme d'un cylindre très-aplati. Elle est composée d'argent et de cuivre dans la proportion de 0,9 d'argent pour 0,1 de cuivre; le franc contient donc $4^{gr},5$ d'argent et $0^{gr},5$ de cuivre. Cet *alliage* offre sur l'argent pur l'avantage de s'user beaucoup moins vite par le frottement. En général, on appelle *titre* d'un alliage d'argent et de cuivre, ou d'or et de cuivre, le quotient du nombre qui exprime le poids de l'argent ou de l'or par le nombre qui exprime le poids total. La monnaie d'argent est donc au titre de 0,9 ou 900 millièmes.

SYSTÈME MÉTRIQUE.

Les multiples du franc n'ont pas reçu de noms particuliers. Les sous-multiples sont: le *décime* ou dixième de franc et le *centime* ou centième de franc.

La monnaie d'argent comprend les pièces suivantes :

	Poids.	diamètre.
La pièce de 5 fr.	25 gramm.;	37 millim.
La pièce de 2 fr.	10 —	27 —
La pièce de 1 fr.	5 —	23 —
La pièce de 5 déc. ou 50 c.	2,5 —	18 —
La pièce de 2 déc. ou 20 c.	1 —	15 —

D'après les lois du 25 mai 1864 et du 27 juin 1866, les nouvelles pièces de 2 francs, de 1 franc, de 50 centimes et de 20 centimes ne sont plus qu'au titre de 0,835.

20 pièces de 2 francs et 20 pièces de 1 franc placées en ligne droite, au contact les uns des autres donnent la longueur du mètre.

Comme il est très-difficile de donner exactement aux pièces le poids légal, la loi accorde une tolérance et sur le poids et sur le titre. Pour la monnaie d'argent la tolérance est, en plus ou en moins, de 3 millièmes sur la pièce de 5 francs, de 5 millièmes sur les pièces de 2 francs et 1 franc, de 7 millièmes sur la pièce de 50 centimes et de 10 millièmes sur la pièce de 20 centimes. Le poids de la pièce de 1 franc, par exemple, peut donc varier entre $4^{fr},975$ et $5^{fr},025$. La tolérance sur le titre est de 2 millièmes pour la monnaie d'argent.

172. Monnaies d'or. — La monnaie d'or a la même forme que la monnaie d'argent et son titre est le même.

Elle comprend : la pièce de

100 fr. qui pèse	$32^{gr},258$;	son diam. est de	35 millim.
50 fr. —	16 ,129;	—	28 —
20 fr. —	6 ,452;	—	21 —
10 fr. —	3 ,226;	—	19 —
5 fr. —	1 ,613;	—	17 —

Il y a aussi pour les pièces d'or une tolérance sur le

poids et sur le titre. Ainsi, pour la pièce de 50 francs, la tolérance est de 2 millièmes sur le poids et sur le titre. Le poids de la pièce de 50 francs peut donc varier entre 16^{gr},161 et 16^{gr},097.

D'après la loi, la monnaie d'or vaut, à poids égal, 15 fois et demie plus que la monnaie d'argent. C'est en s'appuyant sur cette donnée qu'on peut calculer les poids des diverses pièces d'or. Veut-on, par exemple, avoir le poids de la pièce d'or de 100 francs, on dira : 100 francs en monnaie d'argent pèsent : 500 grammes. Par suite, 100 francs en monnaie d'or pèsent 15 fois et demie moins, soit :

$$\frac{500}{15,5} = 32,258.$$

173. Monnaies de bronze. — Les monnaies de bronze sont fabriquées avec un alliage de cuivre, d'étain et de zinc, dans les proportions suivantes : 95 de cuivre, 4 d'étain et 1 de zinc pour 100 parties. Il y a, comme pour les autres monnaies, une tolérance sur le poids et sur le titre. La monnaie de bronze comprend :

La pièce de 1 décime ou

10 cent.	qui pèse	10 gram.;	son diam.	est de	30 millim.
5	—	—	5	—	—	25	—
2	—	—	2	—	—	20	—
1	—	—	1	—	—	15	—

A poids égal, la monnaie de bronze vaut 20 fois moins que la monnaie d'argent.

174. Récapitulation du système des monnaies. — On voit par ce qui précède que notre système de monnaies est combiné de telle sorte qu'on trouve en partant de l'unité fondamentale ou *franc* deux séries, l'une ascendante et comprenant des unités de dix en dix fois plus fortes, l'autre descendante et comprenant des unités de dix en dix fois plus faibles, ce qui est conforme au système décimal. D'ailleurs, entre deux unités principales quelconques dont l'une est dix fois plus forte que l'autre, on trouve deux autres unités : l'une double de la plus petite et l'autre moitié de la plus grande. Prenons, par exemple, le centime et le décime ; entre ces deux unités, nous trouvons la pièce de 2 centimes et la pièce de 5 centimes. Le tableau que nous mettons sous les yeux du lecteur donne le résumé complet de notre système monétaire.

NATURE ET COMPOSITION.		VALEUR.	POIDS.	DIAMÈTRE.
Bronze	0,95 de cuivre. 0,04 d'étain... 0,01 de zinc...	1 cent. 2 — 5 — 10 —	1ᵍʳ 2 5 10	15ᵐᵐ 20 25 30
Argent	0,834 argent... 0,165 cuivre..	20 — 50 — 1 franc. 2 —	1 2,5 5 10	15 18 23 27
	0,900 argent.. 0,100 cuivre...	5 —	25	37
Or....	0,9 or......... 0,1 cuivre.....	5 — 10 — 20 — 50 — 100 —	1,613 3,226 6,452 16,129 32,258	17 19 21 28 35

LIVRE IV.

PUISSANCES ET RACINES.

CHAPITRE I.

CARRÉS DES NOMBRES.

175. Carré d'un nombre. — On appelle *carré* d'un nombre le produit qu'on obtient en multipliant ce nombre par lui-même ; *carré* ou *seconde puissance* sont donc des expressions équivalentes. On emploie le terme *carré*, parce que le *rapport* de la surface de la figure appelée carré à l'unité de surface s'obtient en multipliant par lui-même le nombre qui exprime le *rapport* de l'un de ses côtés à l'unité de longueur. Ainsi, un carré dont le côté a 3 mètres de longueur a pour surface 3×3 ou 9 mètres carrés.

Il suffit de savoir par cœur la table de multiplication pour former immédiatement les carrés des neuf premiers nombres. Ces carrés sont :

1, 4, 9, 16, 25, 36, 49, 64, 81.

176. Règle pour élever au carré une puissance quelconque de 10. — On forme le carré d'une puissance quelconque de 10, en doublant l'exposant ou le nombre des zéros. Ainsi, le carré de 10^3 ou 1000 est 10^6 ou 1000000;

cela résulte de la règle que nous avons donnée pour la multiplication de deux puissances d'un même nombre.

177. Carré d'un produit. — Supposons qu'on ait à élever au carré le produit : $5 \times 7 \times 3$.

Nous avons : $(5 \times 7 \times 3)^2 = (5 \times 7 \times 3) \times (5 \times 7 \times 3)$.

Or, puisqu'on peut décomposer à volonté les facteurs d'un produit et les combiner d'une manière quelconque, le carré cherché sera égal à : $(5 \times 5)(7 \times 7)(3 \times 3)$ et, par suite, à : $5^2 \times 7^2 \times 3^2$, en combinant les facteurs égaux. Donc, pour élever un produit au carré, *on élèvera séparément chacun des facteurs au carré*. En d'autres termes, *le carré d'un produit est égal au produit des carrés des facteurs*.

Lorsque les facteurs sont affectés d'exposants, ils entrent au carré avec un exposant double.

Supposons qu'on ait à élever au carré le nombre 17000 ou 17×10^3. Nous aurons pour résultat :

$$17^2 \times 10^6 = 289000000,$$

Donc, *pour élever au carré un nombre terminé par des zéros, on élève le nombre au carré et on écrit à la droite du résultat un nombre double de zéros. Par suite, le carré d'un nombre quelconque de dizaines donne des centaines.*

178. Carré d'une fraction. — D'après la définition, il faudra multiplier une fraction par elle-même pour obtenir son carré. Or, on opère cette multiplication en multipliant numérateurs entre eux et dénominateurs entre eux. Donc, le carré d'une fraction s'obtient *en formant séparément le carré de chaque terme*. Le carré d'une fraction proprement dite est moindre que cette fraction.

Lorsque les deux termes d'une fraction sont premiers entre eux, leurs carrés sont aussi des nombres premiers entre eux. Donc : *une fraction irréductible a pour carré une fraction irréductible.*

179. Quand un nombre entier n'est pas le carré d'un nombre entier, il ne peut être le carré d'aucun nombre. — Lorsqu'un nombre entier n'est pas le carré d'un autre nombre entier, il est toujours possible de trouver deux nombres entiers consécutifs dont les carrés comprennent le nombre proposé; ainsi, les carrés de 7 et 8 comprennent le nombre 56 qui n'est pas le carré d'un nombre entier.

S'il existait un nombre qui eût 56 pour carré, ce serait donc un nombre fractionnaire dont la partie entière serait égale à 7. On pourrait réduire ce nombre en une expression fractionnaire irréductible, et comme le carré d'un nombre fractionnaire irréductible est aussi un nombre fractionnaire irréductible, on aurait un nombre entier 56 égal à un nombre fractionnaire irréductible, ce qui n'est pas possible. Ainsi, *quand un nombre entier n'est pas le carré d'un nombre entier, il n'est pas le carré d'un nombre fractionnaire.* Il n'est donc le carré d'aucun nombre.

180. Carré de la somme de deux nombres. — Lorsqu'on a à former le carré d'une somme composée de *deux* parties, comme la somme $4 + 7$, par exemple, il suffit évidemment de multiplier d'abord par 4 et ensuite par 7 chacune des parties de la somme, et de réunir en un seul les produits partiels. Le résultat définitif sera donc égal à : $4^2 + (4 \times 7) \times 2 + 7^2$.

Le carré d'une somme composée de deux parties renferme : 1° *le carré de la première;* 2° *le double produit de la première par la seconde;* 3° *le carré de la seconde.*

On en conclut que *la différence entre les carrés de deux nombres entiers consécutifs est égale à deux fois le plus petit nombre, plus un.* Par exemple, la différence entre le carré de 29 et celui de 28 est égale à : $28 \times 2 + 1$. En effet, on a : $(28 + 1)^2 = 28^2 + 28 \times 2 + 1$.

181. Composition du carré d'un nombre de plusieurs chiffres. — Un nombre de plusieurs chiffres pouvant toujours être décomposé en dizaines et en unités, on conclut du théorème précédent que le carré d'un nombre de plusieurs chiffres renferme : 1° *le carré des dizaines;* 2° *deux fois le produit des dizaines par les unités;* 3° *le carré des unités.* Cette décomposition du carré d'un nombre de plusieurs chiffres peut servir quelquefois à abréger la recherche du carré, mais il est ordinairement plus court de suivre la méthode directe.

182. Tout nombre terminé par un des chiffres 2, 3, 7, 8 ne peut être un nombre carré.—Il suffit de prouver qu'un nombre terminé par un de ces quatre chiffres ne peut être le carré d'un nombre entier. Or, si l'on consulte le tableau des carrés des neufs premiers nombres, on voit que les chiffres 2, 3, 7, 8 ne terminent aucun de ces carrés. Mais, d'après le théorème précédent, le chiffre qui termine le carré d'un nombre est le même que celui qui termine le carré de ses unités, car le carré des dizaines donne des centaines, et le double produit des dizaines par les unités donne au moins des dizaines. Les chiffres 2, 3, 7, 8 ne peuvent donc terminer un nombre carré.

CHAPITRE II.

RACINES CARRÉES DES NOMBRES.

183. Racine carrée d'un nombre. — La racine carrée d'un nombre est le nombre dont le carré est égal au nombre proposé; il n'y a donc que les nombres carrés qui aient des racines carrées. La racine carrée de 49 est 7; en effet, nous savons que 7 élevé au carré donne 49. On représente ainsi ce résultat: $\sqrt{49} = 7$. Le signe $\sqrt{\ }$ s'appelle *radical*.

Il suffit de savoir par cœur la table de multiplication pour *extraire* la racine carrée d'un nombre carré moindre que 100. Lorsque le nombre proposé n'est pas un carré, on peut se demander *quelle est la racine carrée du plus grand carré contenu dans ce nombre*. La question est facile à résoudre pour un nombre moindre que 100, si l'on sait par cœur les carrés des neufs premiers nombres. On dira immédiatement, par exemple, que le plus grand carré contenu dans 54 est 49 dont la racine carrée est 7. L'excès de 54 sur 49 a reçu le nom de *reste*.

184. Racine carrée d'un nombre plus grand que 100. — Tout nombre plus grand que 100 renfermant au moins ce dernier carré, la racine du plus grand carré contenu dans le nombre proposé se composera de *deux* chiffres au moins. Donc le plus grand carré contenu dans un nombre supérieur à 100 est composé de *trois* parties, savoir : le carré des dizaines de la racine, le double produit des dizaines par les unités de la racine et le carré des unités.

Or, le carré des dizaines exprimant des centaines, ce carré se trouve contenu dans les centaines du nombre proposé. Par conséquent, lorsqu'on cherchera la racine du plus grand carré contenu dans un nombre supérieur à 100, comme 3214 par exemple, on sera certain que les 32 centaines du nombre contiennent *au moins* le carré des dizaines de la racine. Je dis de plus qu'on aura exactement le chiffre des dizaines de la racine en extrayant la racine du plus grand carré contenu dans 32. Ce plus grand carré est 25 dont la racine est 5. Mais 5^2 étant moindre que 32, $5^2 \times 100$ ou le carré de 5 dizaines sera moindre que 32 centaines et par conséquent moindre que 3214. D'un autre côté, 6^2 étant plus grand que 32, $6^2 \times 100$ ou le carré de 6 dizaines sera plus grand que 32 centaines et par suite au moins égal à 33 centaines. 5 est donc bien le chiffre des dizaines de la racine, puisque le nombre proposé est compris entre les carrés de 5 dizaines et de 6 dizaines.

Cela posé, retranchant le carré de 5 dizaines ou 2500 du nombre proposé, la différence 714 ne contiendra plus que le double produit des dizaines par les unités, le carré des unités et le reste s'il y en a un. Or le double produit des dizaines par les unités, qui exprime des dizaines, se trouvera tout entier contenu dans les 71 dizaines. Mais il faut bien remarquer que, outre ce double produit, les 71 dizaines de la différence peuvent encore renfermer des dizaines provenant du carré des unités et des dizaines appartenant au reste. Par conséquent, si l'on divise 71 dizaines par 10 dizaines (double des dizaines de la racine), ce qui revient à diviser 71 par 10, on aura le chiffre des unités de la racine *ou un chiffre trop fort*. Si le chiffre 7 obtenu au quotient est le chiffre des unités, le carré de 57 devra être tout au plus égal au nombre proposé. Mais, puisqu'on a déjà retranché le carré des dizaines, il suffira de s'assurer si le reste 714 contient encore les deux autres parties du carré de 57. Pour cela, on écrit le chiffre 7 à côté du double des dizaines et on multiplie le nombre ainsi formé 107 par 7. Le produit 749 étant supérieur à

714, on conclut qu'il ne peut y avoir 7 unités à la racine. On essaye alors le chiffre 6 et on reconnaît, en opérant comme pour le chiffre 7, que le carré de 56 est inférieur de 78 unités au nombre proposé. Le plus grand carré contenu dans ce nombre a donc 56 pour racine et l'on a : $3214 = 56^2 + 78$. Voici la disposition qu'on donne à l'opération :

```
32 14  | 56
  25   |106
 ────  ────
  7 14   6
  6 36  ───
 ────   636
    78
```

185. Principe général. — Nous avons vu que pour avoir les dizaines de la racine il fallait extraire la racine du plus grand carré contenu dans les centaines du nombre proposé. Je vais maintenant démontrer ce *théorème* d'une manière générale.

Quel que soit le nombre des chiffres, *on obtient les dizaines de la racine du plus grand carré contenu dans un nombre en extrayant la racine du plus grand carré contenu dans les centaines de ce nombre.*

Prenons, par exemple, le nombre 32148959, et soit a la racine du plus grand carré contenu dans 321489. Je dis qu'il y aura a dizaines à la racine et qu'il n'y en aura pas $a+1$. En effet, puisque a^2 est au plus égal à 321489, $a^2 \times 100$, ou le carré de a dizaines, sera au plus égal à 321489 centaines, et plus petit que 32148959. D'un autre côté, puisque $(a+1)^2$ est plus grand que 321489, $(a+1)^2 \times 100$, ou le carré de $a+1$ dizaines, sera supérieur à 321489 centaines, et, par suite, au moins égal à 321490 centaines. Le nombre proposé étant compris entre les carrés de a dizaines et de $a+1$ dizaines, il y aura a dizaines à la racine et non pas $a+1$.

Pour avoir les dizaines de la racine du plus grand carré contenu dans le nombre proposé, nous sommes conduits à extraire la racine du plus grand carré que renferme 321489. Mais ce nombre étant lui-même plus grand que

100, la racine du plus grand carré qu'il renferme se composera de *deux* chiffres au moins; nous savons d'ailleurs que le carré des dizaines de cette racine est tout entier dans les 3214 centaines du nombre, et qu'il suffit d'extraire la racine du plus grand carré contenu dans 3214 pour avoir ces dizaines. Nous sommes ainsi ramenés à extraire la racine carrée de 3214. Or, nous avons trouvé plus haut que ce nombre contenait le carré de 56 avec un reste 78. La racine du plus grand carré contenu dans 321489 se compose donc de 56 dizaines.

Quand on a retranché du nombre 321489 le carré des dizaines de la racine, on a pour reste 7889. Ce reste contient encore au moins le double produit des dizaines par les unités et le carré des unités. Or le double produit des dizaines par les unités se trouve nécessairement dans les 788 dizaines du reste, et comme ce reste peut contenir d'autres dizaines que celles provenant de la formation du double produit, on aura le chiffre des unités ou un chiffre trop fort en divisant les dizaines du reste par le double de 56 dizaines, ce qui revient à diviser 788 par 112; on trouve 7 pour quotient.

Pour essayer le chiffre 7, on l'écrit à côté de 112 et on multiplie le nombre ainsi formé par 7. On obtient de cette manière, par une seule multiplication, les deux parties qui entrent dans le reste 7889. Le produit étant précisément égal à ce dernier nombre, on conclut que 321489 est le carré de 567 et, par suite, qu'il y a 567 dizaines dans le plus grand carré que renferme le nombre proposé : 32148959.

Puisque le carré de 567 est égal à 321489, il nous restera 59 lorsque nous aurons retranché du nombre proposé le carré des 567 dizaines de la racine. Ce reste contient encore au moins le double produit des dizaines par les unités et le carré des unités, et nous savons qu'on aura le chiffre des unités ou un chiffre trop fort en divisant les dizaines du reste par le double de 567 dizaines ou 5 par 567, ce qui donne 0 pour quotient; il n'y a donc pas d'essai à faire dans ce cas. D'ailleurs, l'essai à faire consistant dans une multiplication dont le multiplicateur est 0, on voit qu'il est inutile.

Le plus grand carré contenu dans le nombre proposé a donc 5670 pour racine. Le reste, c'est-à-dire l'excès du nombre sur le plus grand carré qu'il renferme, est égal à 59, de sorte qu'on a : $32148959 = 5670^2 + 59$. Nous indiquons la disposition de l'opération que nous venons d'effectuer.

```
32·1 4·8 9·5 9 | 5670
25             |‾‾‾‾‾‾‾
‾‾‾‾‾‾‾        | 106  | 1127 | 11340
 7 1·4         |   6  |    7 |
 6 3 6         |‾‾‾‾‾‾| ‾‾‾‾‾|
‾‾‾‾‾‾‾        | 636  | 7889 |
   7 8 8·9
   7 8 8 9
  ‾‾‾‾‾‾‾‾
       0 5·9
```

186. Règle pratique. — En résumant la méthode que nous venons de développer, nous arrivons à la règle suivante pour extraire la racine du plus grand carré contenu dans un nombre donné.

On sépare le nombre en tranches de deux chiffres à partir de la droite, et on extrait la racine du plus grand carré contenu dans la dernière tranche à gauche, laquelle peut n'avoir qu'un seul chiffre; on a ainsi le chiffre des plus hautes unités de la racine. On élève ce chiffre au carré, et on retranche ce carré de la dernière tranche à gauche; à côté du reste on abaisse la tranche suivante, on sépare le dernier chiffre à droite, et, en divisant par le double du premier chiffre de la racine, on a le deuxième chiffre de la racine ou un chiffre trop fort. Pour essayer ce chiffre, on l'écrit à droite du double du premier et on multiplie le nombre ainsi formé par le chiffre en essai. Si le produit peut être retranché du nombre formé par l'abaissement de la seconde tranche à côté du premier reste, le chiffre essayé est bon; si la soustraction est impossible, on diminue ce chiffre d'une unité, et on recommence l'essai jusqu'à ce qu'on arrive à une soustraction possible. A côté du nouveau reste, on abaisse la troisième tranche, et on sépare le dernier chiffre à droite: en divisant le nombre formé à gauche par le double de la racine déjà trouvée, on a le troisième chiffre de la racine ou un chiffre trop fort. On essaye ce chiffre comme précédemment, et on continue de la même manière jusqu'à ce qu'on ait abaissé toutes les tranches.

Chaque tranche fournissant un chiffre de la racine, on conclut qu'il y a autant de chiffres à la racine que de tranches de deux chiffres dans le nombre proposé.

187. Maximum du reste. — Il peut arriver qu'on mette à la racine un chiffre trop faible dans la crainte de mettre un chiffre trop fort. On s'aperçoit immédiatement de l'erreur à l'inspection du reste. Proposons-nous, par exemple, d'extraire la racine du plus grand carré contenu dans le nombre 227. Après avoir déterminé le chiffre des dizaines, nous retranchons le carré des dizaines du nombre proposé, et, pour avoir le chiffre des unités, nous divisons 12 par 2. Essayons le chiffre 4 ; pour cela, multiplions 24 par 4 et retranchons le produit de 127. Le reste 31 étant plus grand que le double de 14 augmenté d'une unité, je dis que nous devons en conclure que le chiffre 4 est trop faible. En effet, il résulte de notre opération que nous avons : $227 = 14^2 + 31$. D'un autre côté, nous avons aussi l'égalité

$$15^2 = (14+1)^2 = 14^2 + 14 \times 2 + 1 \text{ (n° 180)}.$$

Mais 31 étant plus grand que $14 \times 2 + 1$, on en conclut que 227 est plus grand que le carré de 15. Il y a donc au moins 5 unités à la racine.

Si le reste était égal à deux fois le nombre mis à la racine plus 1, le chiffre essayé serait encore trop faible d'une unité. Dans ce cas, le nombre proposé serait un nombre carré.

Ainsi dans les essais successifs *le reste doit être inférieur au double du nombre mis à la racine augmenté d'une unité.* Si le reste est égal ou supérieur à deux fois le nombre essayé plus 1, on a mis à la racine un chiffre trop faible.

188. De la racine à l'unité près. — Nous venons d'apprendre à extraire la racine du plus grand carré contenu dans un nombre donné. En définitive, nous savons maintenant trouver deux nombres entiers consécutifs dont les carrés comprennent le nombre proposé. C'est ce qu'on appelle *obtenir la racine carrée d'un nombre à l'unité près*. Le plus petit nombre prend le nom de *racine par défaut*; l'autre celui de *racine par excès*.

Lorsqu'il s'agit d'un nombre fractionnaire (composé d'une partie entière augmentée d'une fraction), il suffit, pour avoir la racine carrée à l'unité près, d'extraire la racine du plus grand carré contenu dans la partie entière. Supposons, par exemple, qu'il s'agisse du nombre $\frac{45}{7} = 6 + \frac{3}{7}$. Le plus grand carré contenu dans 6 est 4 dont la racine est 2; on a donc : $2^2 < 6 < 3^2$. Si l'on ajoute $\frac{3}{7}$ à 6, la première inégalité subsistera *a fortiori*; quant à la seconde, elle ne cessera pas d'avoir lieu, la différence des deux membres étant au moins d'une unité. On aura donc : $2^2 < + \frac{3}{7} < 3^2$. Le nombre fractionnaire proposé est donc compris entre les carrés des deux nombres entiers consécutifs 2 et 3; nous avons donc la racine à l'unité près.

Soit encore le nombre décimal : 676,825. La partie entière 676 est le carré de 26. On a donc : $26^2 = 676 < 27^2$. Par suite : $26^2 < 676,825 < 27^2$.

Le raisonnement précédent est entièrement applicable, et la règle subsiste.

REMARQUE. Si l'expression fractionnaire donnée est moindre que l'unité, elle est évidemment comprise entre 0 et 1 qu'on peut regarder comme les carrés de 0 et de 1; on a donc immédiatement et sans calcul la racine carrée, à l'unité près, d'une fraction proprement dite.

189. Racine carrée des nombres décimaux. — Puisqu'on élève un nombre décimal au carré en le multipliant par lui-même, il en résulte que le carré d'un nombre décimal contient un nombre de chiffres décimaux double de celui que renferme le nombre donné et est abstraction faite de la virgule, un nombre carré.

Un nombre décimal ne peut donc être le carré d'un nombre décimal que s'il remplit les deux conditions précédentes. Dans ce cas, on aura facilement la racine carrée en prenant la racine carrée du nombre, abstraction faite de la virgule, et en séparant, à la droite de cette racine, un nombre de chiffres décimaux moitié de celui que renferme le nombre proposé.

Cherchons, par exemple, la racine de 8,41. La racine carrée de 841 est 29; on en conclut que la racine carrée de 8,41 est 2,9. En effet, on a $29^2 = 841$; par suite,

$$\frac{29^2}{10^2} = \frac{841}{10^2}, \quad \text{ou encore} \quad (2,9)^2 = 8,41.$$

Lorsque le nombre des chiffres décimaux n'est pas pair ou lorsque le nombre, abstraction faite de la virgule, n'est pas un nombre carré, on ne peut pas avoir exactement sa racine carrée; mais on peut calculer cette racine avec une approximation aussi grande qu'on le veut.

Cherchons, par exemple, la racine carrée de 37,86529 à $\frac{1}{100}$ près. Multiplions le nombre par le carré de 100, ce qui donne 378652,9 et extrayons la racine carrée du produit à l'unité près. Nous savons qu'il suffit pour cela de prendre la racine du plus grand carré contenu dans la partie entière. 378652 étant compris entre le carré de 615 et celui de 616, on en conclut que le nombre proposé est compris entre le carré de 6,15 et celui de 6,16.

Lorsque le nombre des chiffres décimaux est insuffisant, on ajoute à la droite du nombre proposé un nombre convenable de zéros et on opère ensuite comme d'habitude.

Il est clair qu'on peut se contenter d'écrire les tranches de deux zéros à la droite des restes successifs, sans prendre la peine de les placer à la droite du nombre sur

RACINES CARRÉES DES NOMBRES.

lequel on opère. Seulement, il est indispensable de commencer par rendre pair le nombre des chiffres décimaux avant d'opérer la séparation en tranches de deux chiffres à partir de la droite.

Nous plaçons ici le tableau des calculs nécessaires pour obtenir la racine carrée de 2 à 0,0001 près.

```
  2             | 1 4 1 4 2
  1 0·0         |  24  | 281  | 2824  | 28282
    1 4 0·0     |   4  |   1  |    4  |     2
    1 1·9 0·0   |  96  | 281  | 11296 | 53564
        6 0 4 0·0
          3 8 3 6
```

Si l'on veut avoir la racine carrée de

2 à l'unité près, on peut prendre 1   ou 2;

$\dfrac{1}{10}$ —   —   1,4   — 1,5;

$\dfrac{1}{100}$ —   —   1,41   — 1,42;

$\dfrac{1}{1000}$ —   —   1,414   — 1,415;

$\dfrac{1}{10000}$ —   —   1,4142 — 1,4143;

. . . .

La différence entre deux termes de même rang va en diminuant sans cesse et peut être rendue plus petite que toute quantité donnée. On a ainsi deux séries qui convergent vers une limite commune; c'est cette limite qu'on désigne par $\sqrt{2}$.

LIVRE V.

RAPPORTS.

CHAPITRE I.

RAPPORTS ET PROPORTIONS.

190. Ce qu'on appelle rapport de deux grandeurs de même espèce. — On appelle rapport de deux grandeurs de même espèce, le nombre qui indique combien de fois la première contient la seconde, ou combien de parties égales de la seconde renferme la première. Cela revient évidemment à dire que *le rapport de deux grandeurs de même espèce est le nombre qui exprimerait la mesure de la première, si la seconde était prise pour unité.*

Supposons, par exemple, qu'une longueur contienne exactement *trois fois* une autre longueur; le rapport de la première à la seconde sera exprimé par le nombre entier 3. Supposons qu'une grandeur contienne *trois fois la septième partie* d'une autre grandeur de même espèce; le rapport de la première à la seconde sera $\frac{3}{7}$. Supposons enfin qu'une grandeur contienne *cinq fois* une grandeur de même espèce, plus *trois fois la septième partie* de cette grandeur, le rapport de la première à la seconde sera le nombre fractionnaire $5 + \frac{3}{7} = \frac{38}{7}$.

191. Lorsque deux grandeurs de même espèce ont été mesurées au moyen d'une même unité, le rapport de ces grandeurs s'obtient en divisant l'un par l'autre les deux nombres qui les mesurent.

Prenons, par exemple, deux poids : l'un de 4 kilogrammes et l'autre de 7 kilogrammes. Le premier contient quatre fois une grandeur, 1 kilogramme, qui est la septième partie du second; le premier poids est donc les $\frac{4}{7}$ du second. En d'autres termes, le rapport du premier poids au second est exprimé par la fraction $\frac{4}{7}$, laquelle représente, comme on le sait, le quotient de la division de 4 par 7.

Prenons deux longueurs : l'une de $3^m + \frac{1}{4} = \frac{13}{4}$ et l'autre de $5^m + \frac{2}{3} = \frac{17}{3}$. Je dis qu'on obtiendra le rapport de ces deux longueurs en divisant $\frac{13}{4}$ par $\frac{17}{3}$, ce qui donne

$$\frac{13 \times 3}{4 \times 17} = \frac{39}{68}.$$

En effet, réduisons au même dénominateur les deux nombres fractionnaires $\frac{13}{4}$ et $\frac{17}{3}$; nous obtiendrons

$$\frac{13 \times 3}{4 \times 3} = \frac{39}{12} \quad \text{et} \quad \frac{17 \times 4}{3 \times 4} = \frac{68}{12}.$$

La première longueur contient donc 39 fois une longueur $\left(\frac{1}{12} \text{ de mètre}\right)$ qui est la soixante-huitième partie de la seconde. La première longueur est donc les $\frac{39}{68}$ de la seconde; en d'autres termes le rapport cherché est

$$\frac{39}{68}. \quad \text{C. Q. F. D.}$$

192. Rapport de deux nombres. — Termes. Antécédent; conséquent. — On appelle, par analogie, rapport de deux nombres entiers ou fractionnaires, le quotient de la division de ces deux nombres. Ainsi, le rapport de 3 à 5 est 3:5 ou $\frac{3}{5}$. Le rapport de $\frac{2}{3}$ à $\frac{5}{7}$ est : $\frac{2}{3} : \frac{5}{7} = \frac{14}{15}$.

Pour indiquer le rapport de deux nombres, on écrit ordinairement le premier au-dessus du second en les séparant par un trait horizontal. Ainsi, le rapport de 3 à 5 s'écrit : $\frac{3}{5}$; le rapport de $\frac{2}{3}$ à $\frac{5}{7}$ s'écrit $\frac{\frac{2}{3}}{\frac{5}{7}} = \frac{14}{15}$.

Les deux nombres dont on prend le rapport s'appellent *termes du rapport*. Le premier est le numérateur ou l'*antécédent*; le second, le dénominateur ou le *conséquent*.

193. Rapports inverses ou réciproques. — Le produit de deux rapports inverses est égal à l'unité. — Il résulte de ce qui précède, que le rapport de deux grandeurs de même espèce ou de deux nombres quelconques peut toujours être exprimé par une fraction à termes entiers. (Nous supposons les rapports commensurables, ce qui revient à dire que les grandeurs ont une *commune mesure* contenue un nombre entier de fois dans chacune d'elles.) Si la première grandeur contient 3 fois la commune mesure, et que celle-ci soit contenue 7 fois dans la seconde, le rapport de la première grandeur à la seconde est $\frac{3}{7}$, tandis que le rapport de la seconde grandeur à la première est $\frac{7}{3}$. Ces deux rapports $\frac{3}{7}$ et $\frac{7}{3}$ sont dits *inverses* ou *réciproques*. On voit que le produit de deux rapports inverses est égal à l'unité.

194. La valeur d'un rapport ne change pas quand on multiplie ou divise ses deux termes par un mêm

nombre. — Lorsque deux grandeurs de même espèce ont été mesurées au moyen d'une même unité, et que les nombres qui expriment les mesures sont fractionnaires, le rapport des deux grandeurs est primitivement représenté par une fraction dont les deux termes sont des nombres fractionnaires. Les théorèmes que nous avons établis dans le cas des fractions ordinaires sont-ils applicables à ces rapports? c'est ce que nous nous proposons de démontrer.

Faisons voir d'abord que la valeur d'un rapport ne change pas quand on multiplie ses deux termes par un même nombre. Soient a et b deux nombres quelconques entiers ou fractionnaires dont le rapport est $\frac{a}{b}$, je dis qu'on a $\frac{a}{b} = \frac{a \times m}{a \times m}$, m désignant un nombre quelconque entier ou fractionnaire. En effet, soit q le quotient de la division de a par b. On a, d'après la définition : $a = b \times q$. Les deux nombres a et $b \times q$ étant égaux, on obtiendra des produits égaux si l'on multiplie chacun d'eux par le même nombre m. Par suite

$$a \times m = (b \times q) \times m = (b \times m) \times q;$$

car on peut combiner à volonté les facteurs d'un produit, que ces facteurs soient entiers ou fractionnaires. $a \times m$ peut donc être regardé comme le produit du facteur $b \times m$ par le facteur q. Nous aurons donc, d'après la définition de la division $\frac{a \times m}{b \times m} = q$, et, par conséquent,

$$\frac{a \times m}{b \times m} = \frac{a}{b}. \quad \text{C. Q. F. D.}$$

Inversement, on peut diviser les deux termes d'un rapport par un même nombre sans changer sa valeur. Ainsi, je dis qu'on a $\frac{a}{b} = \frac{\frac{a}{m}}{\frac{b}{m}}$. En effet, si on multiplie par m les deux termes du second rapport, ce qui ne change pas sa valeur, on reproduit le premier rapport $\frac{a}{b}$.

Un rapport est donc susceptible des mêmes simplifications qu'une fraction ordinaire.

195. Multiplication des rapports. — La règle est la même que pour la multiplication des fractions; *on multiplie terme à terme*. Supposons qu'il s'agisse des deux rapports $\frac{a}{b}$ et $\frac{a'}{b'}$. Posons $\frac{a}{b}=q$ et $\frac{a'}{b'}=q'$. Nous voulons démontrer qu'on a $q\times q'=\frac{a\times a'}{b\times b'}$.

D'après la définition, on a $a=b\times q$ et $a'=b'\times q'$. Multipliant ces deux égalités membre à membre, il vient

$$a\times a'=(b\times q)\times(b'\times q')=(b\times b')\times(q\times q')$$

On peut donc regarder $a\times a'$ comme le produit du facteur $b\times b'$ par le facteur $q\times q'$; nous aurons donc, en appliquant la définition de la division, $\frac{a\times a'}{b\times b'}=q\times q'$. C. Q. F. D.

196. Division des rapports. — Pour diviser un rapport par un autre, *on multiplie le rapport dividende par le rapport diviseur renversé*. Ainsi, je dis que $\frac{a}{b}:\frac{a'}{b'}=\frac{a\times b'}{b\times a'}$. En effet, si l'on multiplie ce dernier rapport par le diviseur $\frac{a'}{b'}$, on obtient $\frac{a\times b'\times a'}{b\times a'\times b'}$, ce qui donne en simplifiant $\frac{a}{b}$, c'est-à-dire le dividende.

197. Puissances et racines d'un rapport. — Pour élever un rapport à une puissance quelconque, *on élève chacun de ses termes à cette puissance*. Ainsi, je dis que $\left(\frac{a}{b}\right)^3=\frac{a^3}{b^3}$.

En effet, $\left(\frac{a}{b}\right)^3=\frac{a}{b}\times\frac{a}{b}\times\frac{a}{b}=\frac{a\times a\times a}{b\times b\times b}=\frac{a^3}{b^3}$. C. Q. F. D.

Inversement, on extrait la racine d'un rapport *en prenant la racine de chaque terme*. Par exemple, $\sqrt[3]{\dfrac{a}{b}} = \dfrac{\sqrt[3]{a}}{\sqrt[3]{b}}$.

En effet, si nous élevons le second rapport au cube, ce qui se fait en élevant chaque terme au cube, nous reproduisons le rapport $\dfrac{a}{b}$.

198. Ce qu'on appelle proportion. — On dit que quatre grandeurs sont en *proportion* lorsque le rapport des deux premières est égal au rapport des deux autres. Les grandeurs étant exprimées par des nombres, on dit par analogie que *quatre nombres forment une proportion lorsque le rapport des deux premiers est égal au rapport des deux derniers*. Ainsi, les nombres 6, 8, 9 et 12 forment une proportion. En effet, le rapport des deux premiers est $\dfrac{6}{8}$ ou $\dfrac{3}{4}$ et le rapport des deux derniers est $\dfrac{9}{12}$ ou $\dfrac{3}{4}$. On écrit qu'il y a proportion entre ces quatre nombres de la manière suivante $\dfrac{6}{8} = \dfrac{9}{12}$. 6 et 12 sont appelés les *deux extrêmes*; 8 et 9 les *deux moyens*. Au lieu d'énoncer la proportion telle qu'elle est écrite, $\dfrac{6}{8}$ égalent $\dfrac{9}{12}$, On dit quelquefois : 6 *est à* 8 *comme* 9 *à* 12.

199. Dans toute proportion, le produit des extrêmes est égal au produit des moyens. — Réciproque. — L'énoncé de ce théorème est facile à vérifier dans chaque cas particulier. Dans la proportion $\dfrac{6}{8} = \dfrac{9}{12}$, par exemple, le produit des extrêmes et celui des moyens sont égaux à 72. Mais, ainsi que nous l'avons fait remarquer plusieurs fois, cette *preuve expérimentale* est insuffisante en arithmétique et nous devons établir le théorème par un raison-

RAPPORTS ET PROPORTIONS.   165

nement indépendant de la valeur particulière attribuée aux différents termes de la proportion.

Soient donnés les deux rapports égaux $\frac{a}{b}$ et $\frac{c}{d}$ dont l'ensemble constitue la proportion $\frac{a}{b} = \frac{c}{d}$. Je dis qu'on a $a \times d = b \times c$. En effet, multiplions les deux termes du premier rapport par le dénominateur du second et les deux termes du second par le dénominateur du premier. En un mot, opérons comme si nous voulions réduire les deux rapports au même dénominateur; nous obtiendrons les deux rapports égaux $\frac{a \times d}{b \times d}$ et $\frac{c \times b}{d \times b}$. Ces deux rapports égaux ayant même dénominateur, il faut *nécessairement* que les numérateurs soient égaux. Donc

$$a \times d = b \times c. \quad \text{C. Q. F. D.}$$

Réciproquement, lorsque le produit de deux nombres est égal au produit de deux autres, ces quatre nombres forment une proportion dont les facteurs du premier produit sont les deux moyens ou les deux extrêmes, et les facteurs du second, les deux extrêmes ou les deux moyens. Prenons, par exemple, les deux produits 10×18 et 15×12, tous les deux égaux à 180. En les divisant par le même nombre 12×18, nous obtiendrons les deux quotients égaux $\frac{10 \times 18}{12 \times 18}$ et $\frac{15 \times 12}{12 \times 18}$, qui nous donnent, après simplification, la proportion $\frac{10}{12} = \frac{15}{18}$.

200. Étant donnés quatre nombres en proportion, on peut écrire la proportion de huit manières différentes. — Puisqu'il suffit, pour qu'il y ait proportion entre quatre nombres, que le produit des deux moyens soit égal au produit des deux extrêmes, il en résulte qu'on peut écrire une proportion de huit manières différentes. Soit donnée la proportion $\frac{10}{12} = \frac{15}{18}$. Si nous changeons les moyens de place, nous aurons $\frac{10}{15} = \frac{12}{18}$. Changeons au contraire les deux extrêmes, il viendra : $\frac{18}{12} = \frac{15}{10}$. Enfin, changeons ici l'ordre des moyens, nous obtiendrons $\frac{18}{15} = \frac{12}{10}$. Il y a toujours proportion, puisque le produit des extrêmes est constamment égal au produit des moyens. Nous avons donc ainsi *quatre* proportions. Or, si nous mettons les seconds rapports à la place des premiers, nous obtiendrons les *quatre* nouvelles proportions :

$$\frac{15}{18} = \frac{10}{12}; \quad \frac{12}{18} = \frac{10}{15}; \quad \frac{15}{10} = \frac{18}{12}; \quad \frac{12}{10} = \frac{18}{15}.$$

Il y a donc bien *huit* manières d'écrire une proportion.

201. Connaissant trois termes d'une proportion, calculer le quatrième.

1° Supposons d'abord que le terme inconnu soit un des extrêmes. En le multipliant par l'autre extrême, le produit doit être égal à celui des deux moyens. *On aura donc le terme cherché en divisant le produit des deux moyens par l'extrême connu.*

EXEMPLE : Trouver un nombre x tel, qu'on ait $\frac{6}{14} = \frac{9}{x}$. On doit avoir $6 \times x = 9 \times 14$. Par suite,

$$x = \frac{9 \times 14}{6} = 21.$$

2° Si le terme inconnu est un des moyens, en le multipliant par l'autre moyen le produit doit être égal à celui des extrêmes. *On aura donc le terme cherché en divisant le produit des deux extrêmes par le moyen connu.*

EXEMPLE : Trouver un nombre x tel, qu'on ait $\frac{6}{x} = \frac{9}{21}$.

On doit avoir $9 \times x = 6 \times 21$. Par suite,

$$x = \frac{6 \times 21}{9} = 14.$$

202. Ce qu'on entend par quatrième proportionnelle à trois nombres et par troisième proportionnelle à deux nombres. — On appelle *quatrième proportionnelle* à trois nombres donnés, le quatrième terme d'une proportion dont les trois nombres donnés forment les trois autres termes. Ainsi, 18 est une quatrième proportionnelle à 10, 12 et 15, car on a $\frac{10}{12} = \frac{15}{18}$.

Étant donnés trois nombres, il est facile de trouver leur quatrième proportionnelle. Proposons-nous, par exemple, de trouver la quatrième proportionnelle aux trois nombres 8, 20 et 10. Si nous désignons par x cette quatrième proportionnelle, nous aurons $\frac{8}{20} = \frac{10}{x}$. En appliquant la règle connue (n° 201), on trouve

$$x = \frac{20 \times 10}{8} = 25.$$

On appelle *troisième proportionnelle* à deux nombres, le quatrième terme d'une proportion qui a pour premier terme le premier nombre donné et pour moyens le deuxième nombre. Ainsi, 9 est une troisième proportionnelle à 4 et à 6, car on a $\frac{4}{6} = \frac{6}{9}$.

Étant donnés deux nombres, il est facile de calculer leur troisième proportionnelle. Proposons-nous, par exemple, de trouver la troisième proportionnelle aux deux nombres 3 et 9. Si nous désignons par x cette troisième proportionnelle, nous aurons $\frac{3}{9} = \frac{9}{x}$. En appliquant la règle connue (n° 201.), on trouve $x = \frac{9 \times 9}{3} = 27.$

205. Ce qu'on entend par moyenne proportionnelle à deux nombres. — Lorsque dans une proportion les deux moyens sont égaux entre eux, on dit qu'ils sont *moyens proportionnels* entre les extrêmes. Ainsi le nombre 9 est une moyenne proportionnelle à 3 et à 27, car on a $\frac{3}{9} = \frac{9}{27}$. Le produit des deux moyens n'étant autre chose que le carré de l'un d'eux, on peut dire qu'on appelle moyenne proportionnelle à deux nombres donnés *un troisième nombre dont le carré est égal au produit des deux premiers.*

Il résulte de cette dernière définition, qu'on trouve la moyenne proportionnelle à deux nombres donnés en extrayant la racine carrée de leur produit. Cherchons, par exemple, la moyenne proportionnelle à 5 et à 45. La racine carrée de 5 × 45 ou 225 étant 15, on en conclut que 15 est la moyenne proportionnelle cherchée. Il résulte en effet de la manière même dont nous avons opéré qu'on a

$$\frac{5}{15} = \frac{15}{45}.$$

204. Dans une proportion, la somme ou la différence des deux premiers termes divisée par le second ou le premier donne un rapport égal à celui qu'on obtient en divisant la somme ou la différence des deux derniers termes par le quatrième ou le troisième. — Soient donnés les deux rapports égaux $\frac{a}{b}$ et $\frac{c}{d}$ dont l'ensemble constitue la proportion $\frac{a}{b} = \frac{c}{d}$. Je dis qu'on peut en déduire les proportions suivantes :

$$\frac{a+b}{b} = \frac{c+d}{d}, \quad \frac{a-b}{b} = \frac{c-d}{d} \quad \text{et} \quad \frac{a+b}{a} = \frac{c+d}{c}, \quad \frac{a-b}{a} = \frac{c-d}{c}.$$

1° Le rapport $\frac{a+b}{b}$ dépasse le rapport $\frac{a}{b}$ de $\frac{b}{b}$ ou 1; de même, le rapport $\frac{c+d}{d}$ dépasse le rapport $\frac{c}{d}$ de $\frac{d}{d}$ ou 1; les rapports $\frac{a}{b}$ et $\frac{c}{d}$ étant égaux par hypothèse, si l'on augmente chacun d'une unité, les résultats seront encore égaux. Donc $\frac{a+b}{b} = \frac{c+d}{d}$.

Le rapport $\frac{a-b}{b}$ est plus petit que le rapport $\frac{a}{b}$ de $\frac{b}{b}$ ou 1; de même, le rapport $\frac{c-d}{d}$ est plus petit que le rapport $\frac{c}{d}$ de $\frac{d}{d}$ ou 1; les deux rapports $\frac{a}{b}$ et $\frac{c}{d}$ étant égaux par hypothèse, si l'on diminue chacun d'eux d'une unité, les résultats seront encore égaux. Donc

$$\frac{a-b}{b} = \frac{c-d}{d}.$$

Au lieu d'écrire séparément les deux égalités

$$\frac{a+b}{b} = \frac{c+d}{d} \text{ et } \frac{a-b}{b} = \frac{c-d}{d},$$

on écrit ordinairement $\frac{a \pm b}{b} = \frac{c \pm d}{d}$.

2° Démontrons maintenant l'égalité $\frac{a \pm b}{a} = \frac{c \pm d}{c}$. Nous avons d'abord $\frac{a \pm b}{b} = \frac{c \pm d}{d}$. Joignant à cette égalité l'égalité donnée $\frac{a}{b} = \frac{c}{d}$ et divisant ces deux égalités membre à membre, il viendra $\frac{a \pm b}{a} = \frac{c \pm d}{c}$. C. Q. F. D.

REMARQUE. Nous avons supposé, en prenant la différence des termes, les antécédents plus grands que les conséquents. Si le contraire avait lieu, on mettrait d'abord les extrêmes à la place des moyens, ce qui donnerait $\frac{b}{a} = \frac{d}{c}$. Appliquant alors le théorème démontré, il viendrait :

$$\frac{b-a}{b} = \frac{d-c}{d} \quad \text{ou} \quad \frac{b-a}{a} = \frac{d-c}{c}.$$

205. Dans une proportion, la somme des deux premiers termes divisée par leur différence donne le même rapport que la somme des deux derniers termes divisée par leur différence. — Soit donnée la proportion ou l'égalité $\frac{a}{b} = \frac{c}{d}$. On en déduit les deux proportions ou les deux égalités

$$\frac{a+b}{b} = \frac{c+d}{d} \; ; \quad \frac{a-b}{b} = \frac{c-d}{d}.$$

Divisant ces deux égalités membre à membre, il vient

$$\frac{a+b}{a-b} = \frac{c+d}{c-d}. \quad \text{C. Q. F. D.}$$

206. Étant donnés deux rapports égaux, si l'on divise la somme des antécédents ou leur différence par la somme des conséquents ou leur différence, on forme un rapport égal à chacun des rapports donnés. — Soient données les deux rapports égaux $\frac{a}{b}$ et $\frac{c}{d}$ dont l'ensemble constitue la proportion $\frac{a}{b} = \frac{c}{d}$. On en déduit, en changeant les moyens de place, $\frac{a}{c} = \frac{b}{d}$. Appliquant à cette proportion le théorème n° 188, 2° nous aurons les deux proportions : $\frac{a \pm c}{a} = \frac{b \pm d}{b}$, lesquelles donnent, en changeant les moyens de place, $\frac{a \pm c}{b \pm d} = \frac{a}{b}$. C. Q. F. D.

RAPPORTS ET PROPORTIONS. 171

207. Dans une suite de rapports égaux, si l'on divise la somme des numérateurs par la somme des dénominateurs, on forme un rapport égal à chacun des rapports donnés. — Soit donnée la suite de rapports égaux :

$$\frac{4}{6} = \frac{10}{15} = \frac{14}{21} = \frac{18}{27}.$$

Je dis que le rapport $\frac{4+10+14+18}{6+15+21+27}$ est égal à chacun des rapports donnés. En effet, de l'égalité $\frac{4}{6} = \frac{10}{15}$ on déduit (n° 190) $\frac{4+10}{6+15} = \frac{10}{15}$ ou $\frac{14}{21}$; de l'égalité $\frac{4+10}{6+15} = \frac{14}{21}$ on déduit $\frac{4+10+14}{6+15+21} = \frac{14}{21}$ ou $\frac{18}{27}$; enfin, de l'égalité $\frac{4+10+14}{6+15+21} = \frac{18}{27}$ on déduit l'égalité

$$\frac{4+10+14+18}{6+15+21+27} = \frac{18}{27}. \quad \text{C. Q. F. D.}$$

On peut démontrer directement ce théorème sans avoir recours aux propriétés des proportions précédemment établies.

Chacun des rapports donnés étant égal à $\frac{2}{3}$, on en conclut que 4 est les $\frac{2}{3}$ de 6; de même 10 est les $\frac{2}{3}$ de 15, de même 14 est les $\frac{2}{3}$ de 21; de même enfin, 18 est les $\frac{2}{3}$ de 27. Par suite, $4+10+14+18$ est les $\frac{2}{3}$ de $6+15+21+27$, c'est-à-dire qu'on a

$$\frac{4+10+14+18}{6+15+21+27} = \frac{2}{3} = \frac{4}{6} = \frac{10}{15} = . \quad \text{C. Q. F. D.}$$

208. Dans une suite de rapports égaux, si, après

avoir multiplié les deux termes de chaque rapport par un même nombre, on divise la somme des numérateurs par la somme des dénominateurs, on forme un rapport égal à chacun des rapports donnés. — Prenons les trois rapports égaux $\frac{4}{6} = \frac{10}{15} = \frac{14}{21}$. Multiplions les deux termes du premier rapport par m, les deux termes du second par n et les deux termes du troisième par p, il y aura encore égalité entre les rapports obtenus (n° 194). Ainsi,

$$\frac{4 \times m}{6 \times m} = \frac{10 \times n}{15 \times n} = \frac{14 \times p}{21 \times p}.$$

Appliquant à ces rapports égaux le théorème précédent, nous aurons

$$\frac{4 \times m + 10 \times n + 14 \times p}{6 \times m + 15 \times n + 21 \times p} = \frac{4 \times m}{6 \times m} = \frac{4}{6}. \text{ C. Q. F. D.}$$

209. *Dans une suite de rapports égaux, la racine carrée de la somme des carrés des numérateurs divisée par la racine carrée de la somme des carrés des dénominateurs forme un rapport égal à chacun des rapports donnés.* — Prenons encore les trois rapports égaux :

$$\frac{4}{6} = \frac{10}{15} = \frac{14}{21}.$$

Ces rapports étant égaux, il en est de même de leurs carrés. Nous aurons donc $\frac{4^2}{6^2} = \frac{10^2}{15^2} = \frac{14^2}{21^2}$. Appliquant à ces trois derniers rapports le théorème n° **207**, il viendra : $\frac{4^2 + 10^2 + 14^2}{6^2 + 15^2 + 21^2} = \frac{4^2}{6^2}$. Ces rapports étant égaux, il en est de même de leurs racines carrées; donc

$$\frac{\sqrt{4^2 + 10^2 + 14^2}}{\sqrt{6^2 + 15^2 + 21^2}} = \frac{4}{6}. \text{ C. Q. F. D.}$$

CHAPITRE II.

GRANDEURS PROPORTIONNELLES.

210. Grandeurs directement proportionnelles. — Lorsque deux grandeurs varient en même temps, il peut arriver que l'une d'elles devenant deux, trois, quatre ... fois plus grande ou plus petite, l'autre devienne en même temps le même nombre de fois plus grande ou plus petite. Le rapport entre deux valeurs quelconques attribuées à la première grandeur étant alors égal au rapport des valeurs correspondantes de la seconde, on dit que les deux grandeurs varient dans le même rapport ou sont *directement proportionnelles*. Ainsi, le prix d'une pièce d'étoffe varie avec le nombre de mètres qu'elle contient. Si le nombre de mètres devient double, triple, quadruple, etc., le prix est *en général* deux fois, trois fois, quatre fois, etc., plus grand. En un mot, le nombre de mètres et le prix varient dans le même rapport. Aussi dit-on que le prix est proportionnel au nombre de mètres. De même, le salaire d'un ouvrier est, en général, proportionnel au nombre de jours pendant lesquels il a travaillé.

Ordinairement, une grandeur dépend à la fois de plusieurs autres. On dit qu'elle est proportionnelle à chacune de ces grandeurs lorsqu'en faisant varier seulement l'une d'elles et conservant à toutes les autres une valeur constante, la grandeur dont il s'agit est proportionnelle à celle qu'on a fait varier. Ainsi, le poids d'une plaque de fonte dépend à la fois de sa longueur, de sa largeur et de son épaisseur. Qu'on laisse la largeur et l'épaisseur constantes et qu'on fasse varier la longueur, le poids sera proportionnel à la longueur ; qu'on laisse au contraire la longueur et l'épaisseur constantes et qu'on fasse varier la largeur, le poids sera proportionnel à la largeur ; qu'on laisse enfin constantes la longueur et la largeur et qu'on fasse varier l'épaisseur, le poids sera proportionnel à l'épaisseur. On dira donc que le poids d'une plaque de fonte est à la fois proportionnel à sa longueur, à sa largeur et à son épaisseur, si l'on suppose bien entendu que la nature de la plaque ne change pas.

211. Grandeurs inversement proportionnelles. — Lorsque deux grandeurs varient simultanément, il peut arriver que l'une d'elles devenant un certain nombre de fois plus grande ou plus petite, l'autre devienne en même temps le même nombre de fois plus petite ou plus grande. Le rapport entre deux valeurs quelconques attribuées à la première étant alors égal au rapport inverse des valeurs correspondantes de la seconde, on dit que les deux grandeurs varient en rapport inverse ou sont *inversement proportionnelles*. Par exemple, le temps nécessaire pour faire un ouvrage déterminé est, toutes choses égales d'ailleurs, en raison inverse du nombre des ouvriers qu'on emploie. Il est clair, en effet, que le nombre des ouvriers devenant deux, trois, quatre .... fois plus grand ou plus petit, le temps sera au contraire deux, trois, quatre .... fois plus petit ou plus grand, toutes les autres circonstances restant les mêmes.

Une grandeur peut être à la fois directement proportionnelle à certaines grandeurs et inversement proportionnelle à d'autres. Ainsi, la longueur d'une pièce d'étoffe dépend à la fois : du prix qu'elle coûte, du prix du mètre carré et de sa largeur. Le prix du mètre carré et la largeur restant les mêmes, la longueur varie proportionnellement au prix total ; le prix total et la largeur restant les mêmes, la longueur sera inversement proportionnelle au prix du mètre carré ; enfin, le prix total et le prix du mètre carré restant les mêmes, la longueur sera inversement proportionnelle à la largeur. Par conséquent, la qualité de l'étoffe étant toujours la même, on dira que la longueur est directement proportionnelle au prix total et inversement proportionnelle au prix du mètre carré et à la largeur.

212. Remarques sur les définitions précédentes. — Les grandeurs, quelle que soit leur nature, peuvent toujours être représentées par des nombres, et la plupart des problèmes numériques qu'on peut se proposer sur les grandeurs conduisent en définitive à des opérations qui sont du ressort de l'arithmétique. Mais ce n'est pas en arithmétique qu'on démontre que certaines grandeurs sont directement ou inversement proportionnelles. Ici, nous devons regarder la proportionnalité des grandeurs comme un fait démontré par l'expérience ou l'observation, ou comme le résultat de conventions spéciales. Ainsi, on dit en mécanique qu'un corps est animé d'un mouvement uniforme lorsqu'il parcourt des espaces égaux dans des temps égaux, quelque petits que soient les intervalles de temps considérés. La vérification de l'uniformité du mouvement d'un corps appartient à la mécanique ; cette vérification une fois établie, on dira que l'espace parcouru par le corps varie proportionnellement au temps employé à le parcourir et ces deux grandeurs, savoir : l'espace parcouru et le temps correspondant, pourront être soumises au calcul avec cette condition de proportionnalité. Qu'on prenne une certaine quantité d'un gaz comme l'air et qu'on l'enferme dans un vase à parois extensibles, on s'apercevra bien vite qu'on pourra faire varier le volume occupé par le gaz en changeant la pression extérieure. Or, on démontre en physique que si la pression extérieure varie dans un certain rapport, le volume occupé par le gaz varie dans le rapport inverse, les autres circonstances qui peuvent avoir une influence sur le phénomène restant les mêmes. On dira donc que le volume occupé par une quantité constante de gaz est inversement proportionnel à la pression extérieure ; et ces deux grandeurs, savoir : le volume du gaz et la pression, pourront être soumises au calcul avec cette condition de leur variation en rapport inverse. Citons enfin un dernier exemple : On appelle *intérêt* d'un capital le bénéfice qui résulte du placement de ce capital, et l'on calcule cet intérêt d'après un certain *taux conventionnel* qui n'est autre chose que le bénéfice résultant du placement de 100 francs pendant un an. Dans les problèmes qu'on peut se proposer sur ces sortes de grandeurs, on admet *conventionnellement* que l'intérêt est directement proportionnel au capital, au temps pendant lequel se fait le placement et au taux.

Il ne suffit pas que deux grandeurs augmentent ou diminuent en même temps pour qu'on puisse en conclure qu'elles sont proportionnelles. Ainsi, dans la chute libre d'un corps sous l'action de la pesanteur, les espaces que le corps parcourt *suivant la verticale* croissent avec le temps ; mais, si l'on étudie le phénomène avec soin, et cette étude est du domaine de la physique, on constate que le chemin parcouru au bout de 2 secondes est égal à l'espace parcouru à la fin de la première seconde multiplié par le carré de 2 ; que l'espace parcouru au bout de 3 secondes est égal à l'espace parcouru à la fin de la première seconde multiplié par le carré de 3, et ainsi de suite. On en conclut que l'espace parcouru est proportionnel au carré du temps employé à le parcourir.

Le temps nécessaire pour creuser un puits augmente avec la profondeur, mais ces deux grandeurs, le temps et la profondeur, ne sont pas proportionnelles. En effet, à mesure que la profondeur augmente, il faut plus de temps pour remonter les terres. Il n'y a donc pas proportionnalité et la loi de la variation peut être assez compliquée.

Deux grandeurs peuvent être proportionnelles entre certaines limites et cesser de l'être hors de ces limites. En général, le prix d'une marchandise est proportionnel à la quantité de marchandise achetée ; mais l'on conçoit pourtant que si deux, trois, quatre .... kilogrammes

GRANDEURS PROPORTIONNELLES.

coûtent deux, trois, quatre .... fois autant qu'un kilogramme, le fabricant pourra faire une *remise* à l'acheteur qui prendra un très-grand nombre de kilogrammes. Jusqu'à une certaine limite *conventionnelle* le prix sera donc proportionnel au poids, mais il cessera de l'être au delà de cette limite.

213. Règles de trois simples. — Définitions. — Étant données deux grandeurs proportionnelles, il peut arriver qu'on connaisse deux valeurs correspondantes de ces deux grandeurs. On peut alors se proposer de calculer la valeur que prendrait l'une des grandeurs, si l'on donnait à l'autre une nouvelle valeur. On a donné à ces sortes de questions le nom de *règle de trois simple* ; et on dit que la règle est *directe* ou *inverse*, suivant que les grandeurs dont il s'agit sont directement ou inversement proportionnelles.

214. Règle de trois simple et directe. — Exemples.

PREMIER EXEMPLE. 18 ouvriers ont fait, dans des conditions déterminées, 60 mètres d'ouvrage. Combien 30 ouvriers feraient-ils de mètres du même ouvrage, toutes les autres conditions restant les mêmes ? Les deux grandeurs sont directement proportionnelles; par conséquent, si nous désignons par x le nombre de mètres cherché, nous aurons $\frac{18}{30} = \frac{60}{x}$, d'où l'on déduit $x = \frac{60 \times 30}{18}$ (n° 185), ou encore $x = 60 \times \frac{30}{18}$. Tous calculs faits, on trouve que les 30 ouvriers feraient 100 mètres d'ouvrage.

DEUXIÈME EXEMPLE. On sait que 100 litres d'air contiennent $20^{lit},8$ d'oxygène. Combien 45 litres d'air contiennent-ils d'oxygène ? Le nombre de litres d'oxygène étant directement proportionnel au nombre de litres d'air, si nous désignons par x le nombre cherché, nous aurons $\dfrac{100}{45} = \dfrac{20,8}{x}$, d'où l'on déduit

$$x = \frac{20,8 \times 45}{100} = 20,8 \times \frac{45}{100}.$$

Tous calculs faits, on trouve que 45 litres d'air contiennent $9^{lit},36$ d'oxygène.

En général, soient A et B deux grandeurs directement proportionnelles. Supposons qu'on sache que pour une valeur a attribuée à la première, la seconde prend la valeur b ; proposons-nous de calculer la valeur de la seconde grandeur correspondant à une nouvelle valeur a' attribuée à la première. Désignant par x la valeur cherchée, nous aurons en appliquant la définition :

$$\frac{a}{a'} = \frac{b}{x}, \quad \text{d'où} \quad x = \frac{b \times a'}{a} = b \times \frac{a'}{a}.$$

Le problème se résout donc *en multipliant la valeur connue de la grandeur dont on cherche la nouvelle valeur par le rapport de la nouvelle valeur, de l'autre grandeur à l'ancienne.* La méthode est complétement indépendante de la nature des grandeurs et des valeurs particulières qu'on leur assigne ; la règle est donc générale et nous n'aurons plus qu'à l'appliquer dans tous les cas. On sait, par exemple, qu'une vis avance de $26^{mm},5$ en 53 tours ; de combien avancera-t-elle en 200 tours ? Le nombre de millimètres dont la vis avance étant directement proportionnel au nombre de tours, on écrira immédiatement :

$$x = 26,5 \times \frac{200}{53} = 100 \text{ millimètres.}$$

215. Règle de trois simple et inverse. — Exemples.

PREMIER EXEMPLE. On sait que 60 ouvriers ont mis 15 jours pour faire un certain ouvrage ; combien, dans les mêmes conditions, 45 ouvriers mettront-ils de jours pour faire le même ouvrage? Ici, les deux grandeurs sont inversement proportionnelles; par conséquent, si nous désignons par x le nombre de jours inconnu, nous aurons d'après la définition : $\frac{60}{45} = \frac{x}{15}$, d'où l'on déduit

$$x = \frac{15 \times 60}{45} = 15 \times \frac{60}{45}.$$

Tous calculs faits, on trouve que 45 ouvriers emploient 20 jours.

Deuxième exemple. On voudrait doubler 20 mètres de soie ayant 65 centimètres de largeur avec une étoffe dont la largeur est de 80 centimètres; combien faudra-t-il de mètres de cette étoffe? La surface étant la même dans les deux cas, il est clair que la longueur est inversement proportionnelle à la largeur. Désignant par x le nombre inconnu de mètres, nous aurons donc d'après la définition : $\frac{20}{x} = \frac{80}{65}$, d'où l'on déduit $x = \frac{20 \times 65}{80} = 20 \times \frac{65}{80}$. Tous calculs faits, on trouve qu'il faudra $16^m,25$ d'étoffe pour doubler la soie.

En général, soient A et B deux grandeurs inversement proportionnelles. On sait que pour une valeur a attribuée à la première, la seconde prend la valeur b; proposons-nous de calculer la valeur de la seconde grandeur correspondant à une nouvelle valeur a' attribuée à la première. x désignant la valeur cherchée, on a d'après la définition :

$$\frac{a}{a'} = \frac{x}{b}, \quad \text{d'où} \quad x = \frac{b \times a}{a'} = b \times \frac{a}{a'}.$$

Le problème se résout donc, dans tous les cas, *en multipliant la valeur connue de la grandeur dont on cherche la nouvelle valeur par le rapport de l'ancienne valeur de l'autre grandeur à la nouvelle.* La méthode est complètement indépendante et de la nature des grandeurs et des valeurs particulières qu'on leur assigne. La règle est donc générale et nous n'aurons plus qu'à l'appliquer dans tous les cas. On sait, par exemple, qu'une locomotive qui fait 8 lieues à l'heure a mis 12 heures pour parcourir une certaine distance ; combien mettrait-elle, si elle ne faisait que 6 lieues à l'heure ? Les deux grandeurs sont inversement proportionnelles ; nous écrirons donc, d'après notre règle :

$$x = 12 \times \frac{8}{6} = 16.$$

La locomotive mettra 16 heures dans le second cas.

216. Règle de trois composée. — Lorsqu'une grandeur dépend de plusieurs autres auxquelles elle est directement ou inversement proportionnelle, il peut arriver qu'on connaisse une valeur de cette grandeur correspondant à certaines valeurs données aux autres. On peut alors se proposer de calculer la valeur que prendrait la première grandeur, si toutes les autres recevaient de nouvelles valeurs déterminées. On donne à ces sortes de problèmes le nom de *règles de trois composées*.

Prenons d'abord un exemple particulier. 18 ouvriers ont fait 240 mètres d'ouvrage en 80 jours ; combien faudrait-il d'ouvriers pour faire 300 mètres du même ouvrage en 60 jours ? (On suppose que toutes les autres conditions restent les mêmes.)

Supposons d'abord que le nombre de jours reste le même et faisons varier seulement le nombre de mètres. Nous aurons alors à résoudre une règle de trois simple et directe, et le nouveau nombre d'ouvriers sera $18 \times \frac{300}{240}$ (n° 198). Tel serait le nombre d'ouvriers nécessaire pour faire l'ouvrage, si l'on devait employer 80 jours ; mais on ne veut en mettre que 60. Nous avons donc maintenant à résoudre cette règle de trois simple et inverse : Pour 80 jours, il faut un nombre d'ouvriers égal à $18 \times \frac{300}{240}$; pour 60 jours, combien faudra-t-il

GRANDEURS PROPORTIONNELLES. 181

d'ouvriers ? Appliquant la règle démontrée précédemment (n° 199), nous aurons

$$x = \left(18 \times \frac{300}{240}\right) \times \frac{80}{60} = \frac{18 \times 300 \times 80}{240 \times 60} = 30.$$

Il faudra donc 30 ouvriers dans le second cas.

En général, soit G une grandeur directement proportionnelle à trois autres A, B et C et inversement proportionnelle à deux autres M et N. Supposons que pour les valeurs a, b, c, m, n attribuées aux grandeurs dont elle dépend, on sache que la première grandeur prend la valeur g. Proposons-nous de calculer la valeur qu'elle prendra si l'on donne aux autres grandeurs les nouvelles valeurs a', b', c', m', et n'.

Pour plus de clarté, disposons les données sur deux lignes horizontales, les nouvelles valeurs en seconde ligne, de manière que les deux valeurs de la même grandeur se correspondent verticalement, et plaçons à la fin la grandeur dont nous cherchons la nouvelle valeur :

A	B	C	M	N	G
a	b	c	m	n	g.
a'	b'	c'	m'	n'	x.

Au lieu de faire varier toutes les grandeurs simultanément, faisons-les varier successivement de manière à n'avoir à résoudre qu'une série de règles de trois simples directes ou inverses.

Nous dirons d'abord : La grandeur A prenant la valeur a et les autres certaines valeurs connues, on sait que G prend la valeur g ; lorsque A prend la valeur a' et que les autres grandeurs demeurent invariables, que devient G ? C'est une règle de trois simple et directe et nous avons pour la nouvelle valeur de G : $g \times \dfrac{a'}{a}$ (n° 214).

Lorsque B prend la valeur b, les autres grandeurs

prenant des valeurs connues, on sait que G a pour valeur $g \times \frac{a'}{a}$; lorsque B prend la valeur b' et que les autres grandeurs demeurent invariables, que devient G ? C'est encore une règle de trois simple et directe et nous avons pour la nouvelle valeur de G : $g \times \frac{a'}{a} \times \frac{b'}{b}$.

Lorsque C prend la valeur c, les autres grandeurs ayant des valeurs connues, on sait que G a pour valeur $g \times \frac{a'}{a} \times \frac{b'}{b}$; lorsque C prend la valeur c' et que les autres grandeurs demeurent invariables, que devient G ? C'est encore une règle de trois simple et directe et nous avons pour la nouvelle valeur de G : $g \times \frac{a'}{a} \times \frac{b'}{b} \times \frac{c'}{c}$.

Lorsque M prend la valeur m, les autres grandeurs ayant des valeurs connues, on sait que G a pour valeur $g \times \frac{a'}{a} \times \frac{b'}{b} \times \frac{c'}{c}$; lorsque M prend la valeur m' et que les autres grandeurs demeurent invariables, que devient G ? C'est ici une règle de trois simple et inverse, et nous avons pour la nouvelle valeur de G :

$$g \times \frac{a'}{a} \times \frac{b'}{b} \times \frac{c'}{c} \times \frac{m}{m'} \quad (n° \ 215).$$

Telle serait la valeur de G si N conservait la valeur n; mais N prenant la valeur n', la valeur définitive de G s'obtiendra en appliquant la règle (n° 215), et nous aurons :

$$x = g \times \frac{a'}{a} \times \frac{b'}{b} \times \frac{c'}{c} \times \frac{m}{m'} \times \frac{n}{n'} = \frac{g \times a' \times b' \times c' \times m \times n}{a \times b \times c \times m' \times n'}.$$

La méthode est évidemment indépendante du nombre des grandeurs, de leur nature et des valeurs particulières qu'on leur attribue. Nous sommes ainsi conduits à la règle pratique suivante :

Les données étant disposées sur deux lignes horizontales, les nouvelles valeurs en seconde ligne, de manière que les deux valeurs de la même grandeur se correspondent verticalement, on multiplie successivement la valeur assignée dans le premier cas à la grandeur dont on cherche la nouvelle valeur par le rapport des deux valeurs attribuées aux autres grandeurs, en prenant pour numérateur le nombre inférieur ou le nombre supérieur, selon que la grandeur dont il s'agit est directement ou inversement proportionnelle à la grandeur dont on cherche la nouvelle valeur.

Résolvons, par exemple, la question suivante : Pendant combien de temps faut-il placer 720 francs à 6 pour cent, pour avoir 15 francs d'intérêt ? (On suppose l'année de 360 jours.) La question peut être énoncée dans les termes suivants : pour que 100 francs rapportent 6 francs, il faut 360 jours ; pour que 720 francs rapportent 15 francs, combien faudra-t-il de jours ? La durée du placement est directement proportionnel à l'intérêt produit et en raison inverse du capital. C'est donc une règle de trois composée que nous avons à résoudre. Disposons d'abord les données suivant l'usage :

$$100^f \quad 6^f \quad 360^j.$$
$$720^f \quad 15^f \quad x.$$

Appliquant maintenant la règle établie plus haut, on a immédiatement :

$$x = \frac{360 \times 100 \times 15}{720 \times 6} = 125.$$

Il faut donc 125 jours.

La valeur de l'inconnue est donnée sous forme fractionnaire. Or, dans la plupart des cas, il y a des facteurs communs aux deux termes de la fraction qu'il est bon de supprimer avant d'effectuer les multiplications indiquées. Ici, par exemple, 36 étant la moitié de 72, on peut d'abord supprimer le facteur 360 commun aux deux termes ; il vient : $x = \dfrac{100 \times 15}{2 \times 6}$. 15 et 6 étant tous deux divisibles par 3, on supprime ce facteur et il vient : $x = \dfrac{100 \times 5}{2 \times 2}$. Enfin, 100 étant égal à 25×4, on supprime le facteur 4 comme aux deux termes et on a enfin : $x = 25 \times 5 = 125$. Le calcul se trouve ainsi simplifié.

217. Solution des règles de trois par la méthode de réduction à l'unité. — On emploie souvent, pour résoudre les règles de trois, la méthode dite de *réduction à l'unité*. La solution d'un problème particulier permettra de saisir immédiatement l'esprit de cette méthode.

150 ouvriers travaillant 10 heures par jour ont employé 18 jours pour creuser un canal de 200 mètres de longueur sur 2 mètres de largeur ; combien 135 ouvriers travaillant 9 heures par jour mettront-ils de jours pour creuser un canal ayant 240 mètres de longeur, 3 mètres de largeur et même profondeur, dans un terrain 2 fois plus difficile que le premier. — Si nous représentons par 1 la difficulté du premier terrain, celle du second sera représentée par 2.

Disposons d'abord les données comme dans les exemples précédents :

Nombre d'ouvriers.	Nombre d'heures.	Longueur du canal.	Largeur.	Difficulté du terrain.	Nombre de jours.
150	10	200^m	2^m	1	18
135	9	240	3	2	x.

Maintenant, au lieu de faire varier simultanément toutes les grandeurs dont dépend le nombre de jours cherché, nous les ferons varier successivement, comme dans la méthode précédente, en supposant d'abord que chacune d'elle devienne égale à l'unité (*soit réduite à l'unité*). Il sera ensuite facile d'en déduire le nombre de jours correspondant aux nouvelles données assignées dans l'énoncé.

Ainsi, nous dirons : avec 150 ouvriers, dans des conditions connues, il faut 18 jours ; avec 1 ouvrier, dans les mêmes conditions, combien faudrait-il ? Il faudrait évidemment un nombre de jours 150 fois plus grand, soit 18×150. Pour 135 ouvriers, il faudrait 135 fois moins de jours, soit $\dfrac{18 \times 150}{135}$.

Nous connaissons maintenant le nombre de jours correspondant au cas où il y aurait 135 ouvriers travaillant 10 heures par jour, dans certaines conditions ; ces conditions restant les mêmes, il faudrait évidemment 10 fois plus de jours, si la journée de travail était réduite à 1 heure. On aurait donc $\dfrac{18 \times 150 \times 10}{135}$. Mais, au lieu de 1 heure de travail, on en a 9 ; il faudra donc 9 fois moins de jours, soit $\dfrac{18 \times 150 \times 10}{135 \times 9}$.

Tel serait le nombre de jours correspondant au cas où il y aurait 135 ouvriers travaillant 9 heures par jour et où le fossé aurait 200 mètres de longueur. Les autres conditions restant les mêmes, que deviendrait le nombre de jours si la longueur était réduite à l'unité, c'est-à-dire devenait 200 fois plus petite ? Il faudrait un nombre de jours 200 fois plus petit, soit $\dfrac{18 \times 150 \times 10}{135 \times 9 \times 200}$. Mais, au lieu de 1 mètre, la longueur du canal est de 240 mètres ; il faudra donc 240 fois plus de jours, soit $\dfrac{18 \times 150 \times 10 \times 240}{135 \times 9 \times 200}$.

Tel serait le nombre de jours correspondant au cas où il y aurait 135 ouvriers travaillant 9 heures par jour et où le fossé aurait 240 mètres de longueur et 2 mètres de largeur. Les autres conditions restant les mêmes, que deviendrait le nombre de jours si la largeur était réduite à l'unité, c'est-à-dire devenait 2 fois plus petite ? Il faudrait 2 fois moins de jours, soit :

$$\dfrac{18 \times 150 \times 10 \times 240}{135 \times 9 \times 200 \times 2}.$$

Mais, au lieu de 1 mètre, la largeur de ce canal est de 3 mètres; il faudra donc 3 fois plus de jours, soit :

$$\frac{18 \times 150 \times 10 \times 240 \times 3}{135 \times 9 \times 200 \times 2}.$$

Tel serait le nombre de jours correspondant au cas où il y aurait 135 ouvriers travaillant 9 heures par jour et où le fossé aurait 240 mètres de longueur et 3 mètres de largeur. La difficulté étant 2, il faudra 2 fois plus de jours, soit :

$$\frac{18 \times 150 \times 10 \times 3 \times 2}{135 \times 9 \times 200 \times 2 \times 1} = 80.$$

Il faudra donc 80 jours de travail dans le second cas.

La série des raisonnements qui ont conduit au résultat définitif est résumée dans le tableau suivant :

Ouvriers.	Heures.	mètres en longueur.	mètres en largeur.		jours.
150	10	200	2	1	18
1	»	»	»	»	18×150.
135	»	»	»	»	$\dfrac{18 \times 150}{135}$.
135	1	»	»	»	$\dfrac{18 \times 150 \times 10}{135}$.
135	9	»	»	»	$\dfrac{18 \times 140 \times 10}{135 \times 9}$.
135	9	1	»	»	$\dfrac{18 \times 150 \times 10}{135 \times 9 \times 200}$.
135	9	240	»	»	$\dfrac{18 \times 150 \times 10 \times 240}{135 \times 9 \times 200}$.
135	9	240	1	»	$\dfrac{18 \times 150 \times 10 \times 240}{135 \times 9 \times 200 \times 2}$.
135	9	240	3	1	$\dfrac{18 \times 150 \times 10 \times 240 \times 3}{135 \times 9 \times 200 \times 2}$.
135	9	240	3	2	$\dfrac{18 \times 150 \times 10 \times 240 \times 3 \times 2}{135 \times 9 \times 200 \times 2}$.

Nous pouvons écrire le résultat sous la forme suivante :

$$18 \times \frac{150}{135} \times \frac{10}{9} \times \frac{240}{200} \times \frac{3}{2} \times \frac{2}{1}.$$

Or, le raisonnement qui conduit à ce résultat est indépendant du nombre et de la nature des grandeurs qui entrent dans la question, ainsi que des valeurs particulières qu'on leur a attribuées. Nous retrouvons donc la règle pratique que nous avons formulée précédemment.

CHAPITRE III.

QUESTIONS SUR LES INTÉRÊTS ET LES ESCOMPTES.

218. Nous avons dit précédemment qu'on appelle *intérêt* d'une somme le bénéfice qui résulte du placement de cette somme, laquelle prend alors le nom de *capital*. Nous savons qu'on calcule cet intérêt d'après le bénéfice conventionnel que produit un capital de 100 francs au bout d'une année. C'est là ce qu'on appelle le *taux* de l'intérêt. Ainsi, placer son argent à 6 pour 100 (6 0/0), c'est convenir que 100 francs rapporteront 6 francs au bout d'une année. Nous rappellerons enfin que, *toutes choses égales d'ailleurs*, l'intérêt est proportionnel au capital, au temps pendant lequel se fait le placement et au taux.

Nous avons traité incidemment une question relative à l'intérêt. Nous allons maintenant passer successivement en revue les problèmes les plus usuels, en ayant soin de formuler dans chaque cas une règle pratique qui permette de résoudre immédiatement la question correspondante.

219. Première série de problèmes. *La durée du placement est d'une année; dans ce cas, l'intérêt porte le nom de* RENTE ANNUELLE.

Première question. *Connaissant le capital et le taux, calculer la rente annuelle.* Quelle est la rente annuelle produite par un capital de 750 francs placé à 6 0/0 ? Ce problème peut s'énoncer ainsi : 100 francs rapportent 6 francs,

QUESTIONS SUR LES INTÉRÊTS ET LES ESCOMPTES. 189

combien rapportent 750 francs? C'est une règle de trois simple et directe. Appliquant la règle connue, on trouve :

$$\frac{6 \times 750}{100} = 45.$$

On arrive ainsi à cette règle pratique : *Pour calculer la rente annuelle produite par un capital déterminé, multipliez le taux par le capital et divisez le produit par 100.*

Deuxième question. *Connaissant le capital et la rente annuelle produite par ce capital, calculer le taux.* On sait qu'un capital de 680 francs produit une rente annuelle de 40^f,80; quel est le taux? Ce problème peut s'énoncer ainsi : On sait que 680 francs rapportent 40^f,80; on demande ce que rapportent 100 francs. C'est encore une règle de trois simple et directe. On trouve pour résultat :

$$\frac{40,80 \times 100}{680} = 6.$$

Règle pratique. *Pour calculer le taux, multipliez la rente annuelle par 100 et divisez par le capital.*

Troisième question. *Connaissant le taux et la rente annuelle, calculer le capital.* Quel est le capital qui, placé à 4 1/2 pour cent, produirait une rente annuelle de 34^f,20? On peut encore énoncer ce problème de la manière suivante : Pour avoir 4^f,50 de rente, il faut placer 100^f; pour avoir 34^f,20, combien faut-il placer? C'est toujours une règle de trois simple et directe; on trouve pour résultat :

$$\frac{100 \times 34,20}{4,5} = 760.$$

Règle pratique. *Pour calculer le capital, multipliez 100 par la rente annuelle et divisez par le taux.*

220 Formule générale à l'aide de laquelle on peut résoudre les trois questions précédentes. — Quoique nous ayons, dans les questions que nous venons de résou-

dre, attribué aux trois quantités variables : le capital, le taux et la rente annuelle, des valeurs particulières, notre raisonnement ne perdait rien de sa généralité ; aussi, nous avons pu, après chaque exemple, formuler une règle servant à résoudre toutes les questions du même genre. En désignant par des lettres les trois grandeurs, on peut résoudre pour ainsi dire d'un seul coup les trois problèmes que nous avons traités successivement et obtenir une *expression générale qui indique immédiatement les opérations à faire subir aux quantités données pour avoir l'inconnue.* C'est là ce qu'on appelle une *formule*.

Soient a le capital, i le taux et r la rente annuelle correspondante. Puisqu'on admet que l'intérêt varie proportionnellement au capital, nous avons immédiatement la proportion :

$$\frac{r}{i} = \frac{a}{100}.$$

Il entre dans cette proportion trois quantités variables. Par suite, deux quelconques d'entre elles étant données, on pourra toujours déterminer la troisième, puisque cela reviendra à calculer un des termes d'une proportion dont les trois autres seront donnés. D'ailleurs, il y a *trois* questions à résoudre et pas davantage, puisque chacune des *trois* quantités variables peut être prise pour inconnue.

Si l'on cherche la rente annuelle, on aura

$$r = \frac{i \times a}{100}.$$

Si l'on cherche le taux, on aura

$$i = \frac{r \times 100}{a}.$$

Si l'on cherche le capital, on aura

$$a = \frac{100 \times r}{i}.$$

QUESTIONS SUR LES INTÉRÊTS ET LES ESCOMPTES. 191

Nous retrouvons ainsi les règles pratiques que nous avons établies plus haut.

221. Deuxième série de problèmes. *La durée du placement est quelconque.* Ici, nous introduisons une quatrième variable, la durée du placement. Nous aurons donc quatre questions à résoudre, puisque nous pouvons prendre successivement pour inconnue chacune des quatre quantités variables.

Première question. *Calculer l'intérêt produit par un capital donné placé pendant un temps donné, à un taux déterminé.* Quel a été l'intérêt produit par 730 fr. à 6 0/0, depuis le 20 janvier 1867, jusqu'au 5 septembre 1867 ? Si nous remarquons que la durée du placement est de 228 jours, tandis que l'année en comprend 365, nous pourrons énoncer le problème de la manière suivante :

100 francs en 365 jours rapportent 6 francs ; combien 730 francs en 228 jours rapportent-ils ? C'est une règle de trois composée, d'après les conventions adoptées. Disposons donc les données comme d'habitude :

$$\begin{array}{ccc} 100 & 365 & 6 \\ 730 & 228 & x? \end{array}$$

Appliquant maintenant la règle connue, nous aurons :

$$x = \frac{6 \times 730 \times 228}{100 \times 365} = 27^f,36.$$

Deuxième question. *Connaissant le capital, la durée du placement et l'intérêt, calculer le taux.* A quel taux faudrait-il placer 730 francs pendant 228 jours pour avoir 27^f,36 d'intérêt ? On peut encore dire : On sait que 730 francs en 228 jours ont rapporté 27^f,36, combien 100 francs en 365 jours rapporteront-ils ?

$$\begin{array}{ccc} 730 & 228 & 27,36 \\ 100 & 365 & x? \end{array}$$

Après avoir pris pour les données les dispositions habituelles, nous pourrons écrire immédiatement

$$x = \frac{27,36 \times 100 \times 365}{730 \times 228} = 6.$$

Troisième question. *Connaissant l'intérêt, le taux de l'intérêt et la durée du placement, calculer le capital.* Quel capital faudrait-il placer à 6 0/0 pendant 228 jours, pour avoir 27^f,36 d'intérêt? L'énoncé peut encore être transformé de la manière suivante : Pour avoir 6 francs au bout de 365 jours, il faut placer 100 francs; pour avoir 27^f,36 au bout de 228 jours, combien faut-il placer? Toutes choses égales d'ailleurs, le capital est, d'après les conventions établies, directement proportionnel à l'intérêt et inversement proportionnel à la durée du placement. C'est donc encore une règle de trois composée que nous avons à résoudre :

$$\begin{array}{ccc} 6 & 365^j & 100^f \\ 27^f,36 & 228^j & x? \end{array}$$

Les données étant disposées comme d'habitude, nous pourrons écrire immédiatement :

$$x = \frac{100 \times 27,36 \times 365}{6 \times 228} = 730.$$

Quatrième question. *Connaissant le capital, le taux de l'intérêt et l'intérêt, calculer la durée du placement.*

Pendant combien de temps faudrait-il placer 730 francs à 6 0/0, pour avoir 27^f,36 d'intérêt? Nous pouvons prendre indifféremment l'année, le mois ou le jour pour unité de temps. Supposons, par exemple, que nous prenions l'année. Nous énoncerons alors notre problème de la manière suivante : Pour que 100 francs rapportent 6 francs, il faut 1 an; pour que 730 francs rapportent 27^f,36, combien faudra-t-il? Désignons par x le temps cherché *rapporté à l'année prise pour unité de temps*, et disposons d'abord les données, comme d'habitude :

$$\begin{array}{ccc} 100^f & 6^f & 1^{an} \\ 730 & 27^f,36 & x? \end{array}$$

QUESTIONS SUR LES INTÉRÊTS ET LES ESCOMPTES. 193

Si nous remarquons que la durée du placement est, toutes choses égales d'ailleurs, inversement proportionnelle au capital et directement proportionnelle à l'intérêt produit, nous pouvons écrire immédiatement :

$$x = \frac{1 \times 100 \times 27,36}{730 \times 6} = \frac{2736}{4380} = \frac{228}{365}.$$

La durée du placement est donc de 228 jours.

222. Formule générale. La méthode que nous avons suivie dans la résolution des quatre problèmes qui précèdent étant complétement indépendante des valeurs particulières attribuées aux données, nous aurions pu déduire d'une interprétation convenable des résultats une règle pratique qui permettrait de résoudre toutes les questions du même genre. Si nous ne l'avons pas fait, c'est que nous allons maintenant traiter le problème d'une manière beaucoup plus générale. En représentant les quatre quantités variables par des lettres, nous arriverons à une *formule* qui nous indiquera immédiatement les opérations à effectuer dans chaque cas particulier pour obtenir l'inconnue.

Soit a le capital, i le taux, t le temps et I l'intérêt. (a, i et I sont exprimés en francs ; t exprime un nombre entier ou fractionnaire d'années.) La question que nous avons à résoudre est celle-ci : 100 francs au bout de 1 an rapportent i francs ; combien a francs, au bout du temps t, rapporteront-ils ?

$$100^f \qquad 1^{an} \qquad i^f$$
$$a \qquad t \qquad I?$$

C'est une règle de trois composée et nous pouvons écrire immédiatement :

$$I = \frac{i \cdot a \cdot t}{100}.$$

Les quatre quantités variables se trouvent ainsi liées par

une formule. Il en résulte que 3 quelconques d'entre elles étant connues, on pourra, à l'aide de la formule, calculer la quatrième.

Premier problème. C'est l'intérêt qu'on cherche. *La formule montre qu'on l'obtient en multipliant le taux par le capital et le temps et en divisant le produit obtenu par 100.*

Deuxième problème. C'est le taux qu'on cherche. La formule donne :

$$i = \frac{I.100}{a.t}.$$

Donc, pour avoir le taux, *on multiplie l'intérêt par 100 et on divise par le produit du capital par le temps.*

Troisième problème. C'est le capital qu'on cherche. La formule donne :

$$a = \frac{100.I}{i.t}.$$

Donc, pour avoir le capital, *on multiplie 100 par l'intérêt et on divise par le produit du taux multiplié par le temps.*

Quatrième problème. La durée du placement est l'inconnue. On déduit de la formule :

$$t = \frac{I.100}{i.a}.$$

Ainsi, pour avoir le temps (l'année étant prise pour unité de temps), *on multiplie l'intérêt par 100 et on divise par le produit du taux par le capital.*

Telles sont les règles qui servent à résoudre toutes les questions relatives aux intérêts simples. On se contente de les appliquer dans la pratique, sans avoir recours à aucun raisonnement. Supposons, par exemple, qu'on demande quelle somme il faudrait placer à 5 pour cent pour avoir 28^f,40 d'intérêt au bout de 200 jours. C'est le troisième problème, nous calculerons donc le capital à l'aide de la formule :

$$a = \frac{100 \cdot I}{i \cdot t}.$$

Nous ferons dans cette formule :

$$I = 28,4 ; \quad i = 5 \text{ et } t = \frac{200}{365}$$

et nous aurons :

$$a = \frac{100 \times 28,4}{5 \times \frac{200}{365}} = \frac{100 \times 28,4 \times 365}{5 \times 200} = 1036^f,60.$$

223. DE L'ESCOMPTE. — Dans le commerce, on appelle *billet* un écrit par lequel une personne s'engage à payer à une autre personne une somme déterminée à jour fixe. Lorsque le possesseur du billet veut l'échanger contre de l'argent avant l'époque marquée sur le billet, c'est-à-dire avant *l'échéance*, on lui fait subir une *retenue* qui dépend évidemment et de la somme et de la date de l'échéance. C'est à cette retenue qu'on donne le nom d'*escompte* et l'on appelle *valeur nominale* du billet la somme inscrite sur ce billet.

En France, on retient l'intérêt de la valeur nominale du billet, en calculant cet intérêt d'après un taux conventionnel qu'on nomme quelquefois *taux de l'escompte*. Il en résulte que les questions relatives à l'escompte ne sont autre chose que des questions d'intérêt et se résolvent exactement de la même manière. Aussi, nous ne traiterons qu'une seule de ces questions.

224. PROBLÈME. — On a escompté le 4 mai à 6 pour cent un billet de 1095 francs payable le 25 juin. Combien a touché le porteur du billet ? Du 4 mai au 25 juin, il y a 52 jours. Nous devons donc, d'après la convention, chercher l'intérêt à 6 pour cent de 1095 francs pendant 52 jours.

Nous n avons pour cela qu'à appliquer la formule :

$$I = \frac{i.a.t}{100}.$$

Si nous faisons $i = 6$, $a = 1095$ et $t = \frac{52}{365}$, nous trouverons, après avoir effectué les calculs : $I = 9,36$. On doit donc faire subir un *escompte* de $9^f,36$ au porteur du billet; par suite, celui-ci touchera : $1095 - 9,36 = 1085^f,64$.

225. Remarque sur l'escompte usité en France. — L'escompte, tel qu'on le pratique en France (*escompte en dehors*), ne peut convenir que pour les échéances très-rapprochées. Il pourrait arriver en effet que l'escompte absorbât la valeur nominale du billet, si le terme du paiement était trop éloigné. Supposons, par exemple, qu'on veuille faire escompter, à cinq pour cent, un billet payable dans 20 ans. La formule $I = \frac{i.a.t}{100}$ donne dans ce cas $I = a$, puisque i et t sont respectivement égaux à 5 et à 20. Le porteur du billet n'aurait donc rien à toucher, au moment de l'escompte, en échange de son billet; ce qui est évidemment absurde.

Dans certaines contrées, on calcule le capital qui, réuni à ses intérêts pendant le temps qui doit s'écouler jusqu'à l'échéance du billet, formerait une somme égale à la valeur nominale de ce billet; on donne à cette somme la qualification de *valeur actuelle du billet*, et c'est elle qu'on remet à celui qui fait escompter. L'intérêt se calcule d'après un taux conventionnel qui prend encore le nom de taux de l'escompte. C'est là ce qu'on appelle *escompte en dedans*. Cette méthode est beaucoup plus rationnelle que la précédente.

226. Calcul de la valeur actuelle d'un billet. — Quelle est la valeur actuelle d'un billet de $1847^f,50$ payable à 75 jours de date? On escompte à 6 pour cent.

Cherchons l'intérêt de 1 franc à 6 pour cent pendant

QUESTIONS SUR LES INTÉRÊTS ET LES ESCOMPTES. 197

75 jours. Nous trouvons, tous calculs faits, en appliquant la règle connue : $\frac{9}{730}$. Ainsi, en plaçant 1 franc aujourd'hui, on aurait, au bout de 75 jours,

$$1 + \frac{9}{730} = \frac{739}{730}.$$

Inversement, nous pouvons dire qu'un billet de $\frac{739^f}{730}$, payable dans 75 jours, vaudrait aujourd'hui 1 franc. Donc, autant de fois 1847^f,50 contiendra $\frac{739}{730}$, autant il y aura de francs dans la valeur actuelle de notre billet. Nous aurons ainsi, pour la valeur cherchée :

$$1847^f,50 : \frac{739}{730} = \frac{1847,5 \times 730}{739} = 1825.$$

Nous avons trouvé la valeur actuelle du billet en divisant sa valeur nominale par 1, plus l'intérêt de 1 franc pendant 75 jours. Notre raisonnement étant indépendant des valeurs particulières attribuées aux données, nous sommes conduits à cette règle pratique :

On calcule la valeur actuelle d'un billet en divisant sa valeur nominale par 1, plus l'intérêt de 1 franc pendant le temps qui doit s'écouler jusqu'à l'échéance.

La différence entre la valeur nominale et la valeur actuelle d'un billet constitue *l'escompte en dedans*. Il est nécessairement moins élevé que l'escompte en dehors, et la différence est précisément *l'intérêt des intérêts de la valeur actuelle*.

227. Problème. — Comme application des règles précédemment établies, nous résoudrons le problème suivant : *Une personne a deux billets à payer : l'un de 1200 fr. à 90 jours de date, l'autre de 850 francs à 125 jours de date. Elle propose en échange un seul billet payable à 75 jours; quel doit être le montant de ce billet?*

Supposons que le taux de l'intérêt soit de 6 pour cent et calculons d'abord la valeur actuelle de chaque billet, d'après la règle du numéro 226.

L'intérêt de 1 franc pendant 90 jours étant de : $\frac{54}{3650}$, le premier billet vaut aujourd'hui

$$1200 : 1 + \frac{54}{3650} = 1182^f,51.$$

L'intérêt de 1 franc pendant 125 jours étant de : $\frac{3}{146}$, le deuxième billet vaut aujourd'hui :

$$850 : 1 + \frac{3}{146} = 832^f,89.$$

Le débiteur devrait donc payer aujourd'hui même :

$$1182^f,51 + 832^f,89 = 2015^f,40.$$

Puisqu'il ne doit payer que dans 75 jours, il devra donc ajouter les intérêts de cette somme pendant 75 jours, soit : $24^f,85$. La valeur nominale est donc :

$$2015^f,40 + 24,85 = 2040^f,25.$$

228. Escompte commercial. — On donne dans le commerce le nom d'escompte au rabais accordé sur le prix d'une marchandise quand elle est payée comptant.

Exemple : *On achète au comptant pour 450 francs de marchandises; le marchand fait une remise de 8 pour cent : quel sera le montant de l'escompte, et que restera-t-il à payer à l'acheteur?*

L'escompte étant de 8 francs pour 100 francs, sera de $\frac{8}{100}$ pour 1 franc, et de $\frac{8 \times 450}{100}$ pour 450 francs, c'est-à-dire de 36 francs. L'acheteur aura donc à payer $450 - 36 = 414$ francs. La règle est des plus simples :

pour calculer l'escompte, *on multiplie le taux de l'escompte par la somme, et on divise le résultat par* 100.

Nous aurions pu trouver directement le nombre 414 en raisonnant de la manière suivante : Pour 100 francs, on paye 92 francs ; donc, pour 450 francs, on devra payer :

$$\frac{92 \times 450}{100} = 414.$$

CHAPITRE IV.

PARTAGES PROPORTIONNELS. — QUESTIONS SUR LES SOCIÉTÉS.

229. Partages proportionnels. Définition. — Partager une grandeur en parties proportionnelles à des grandeurs données, c'est la partager en un nombre de parties égal à celui des grandeurs, et de telle sorte qu'il y ait un rapport constant entre une partie quelconque de la grandeur donnée et la grandeur qui correspond à cette partie. En arithmétique, la grandeur à partager et les grandeurs auxquelles les parties doivent être proportionnelles sont représentées par des nombres, et nous dirons : *Partager un nombre en parties proportionnelles à des nombres donnés, c'est le partager en autant de parties qu'il y a de nombres, et de telle sorte que le rapport de chaque partie au nombre correspondant soit constant.*

230. Partager un nombre en parties proportionnelles à des nombres donnés. — Proposons-nous, par exemple, de partager 180 en parties proportionnelles à 3, 5, 7. Si nous désignons par x, y et z les parties cherchées, nous aurons, d'après la définition,

$$\frac{x}{3} = \frac{y}{5} = \frac{z}{7}.$$

Mais, dans une suite de rapports égaux, la somme des numérateurs divisée par la somme des dénominateurs forme un rapport égal à chacun des rapports donnés; nous aurons donc,

$$\frac{x}{3}=\frac{y}{5}=\frac{z}{7}=\frac{x+y+z}{3+5+7}=\frac{180}{15}.$$

Par suite :

$$x=\frac{180\times 3}{15}=36;\quad y=\frac{180\times 5}{15}=60;\quad z=\frac{180\times 7}{15}=84.$$

En général, proposons-nous de partager un nombre A en parties proportionnelles aux nombres a, b, c. Si nous désignons par x, y et z les parties cherchées dont la somme égale A, nous aurons, d'après la définition,

$$\frac{x}{a}=\frac{y}{b}=\frac{z}{c}.$$

Appliquant le théorème n° **191**, il vient :

$$\frac{x}{a}=\frac{y}{b}=\frac{z}{c}=\frac{x+y+z}{a+b+c}=\frac{A}{a+b+c}.$$

Par suite :

$$x=\frac{A\times a}{a+b+c};\quad y=\frac{A\times b}{a+b+c};\quad z=\frac{A\times c}{a+b+c}.$$

Le raisonnement étant indépendant de la nature des grandeurs que les nombres représentent et des valeurs particulières de ces nombres, on en conclut la règle pratique suivante : *La valeur de chaque partie s'obtient en multipliant le nombre* A *par le nombre auquel elle est proportionnelle, et en divisant le produit obtenu par la somme des nombres, proportionnels aux diverses parties.*

Dans la pratique, lorsque A est exactement divisible par la somme $a+b+c$, on calcule, une fois pour toutes, le quotient $\dfrac{A}{a+b+c}$, et on le multiplie successivement par les nombres a, b, c. Ainsi, dans l'exemple précédent, où $A=180$ et $a+b+c=15$, on a $\dfrac{A}{a+b+c}=12$.

Par suite, $x = 12 \times 3$; $y = 12 \times 5$; $z = 12 \times 7$. Le calcul est alors plus simple.

231. Cas où les nombres donnés sont fractionnaires. — Nous n'avons fait, dans ce qui précède, aucune hypothèse sur les nombres A, a, b, c qui peuvent être indifféremment entiers ou fractionnaires, de sorte que la règle est encore applicable dans ce dernier cas. Supposons, par exemple, qu'on demande de partager 2088 en trois parties proportionnelles aux nombres $\frac{2}{3}$, $\frac{5}{6}$ et $\frac{4}{7}$. Si nous appliquons la règle précédente, nous trouvons pour les trois parties x, y et z :

$$x = \frac{2088 \times \frac{2}{3}}{\frac{2}{3} + \frac{5}{6} + \frac{4}{7}}; \quad y = \frac{2088 \times \frac{5}{6}}{\frac{2}{3} + \frac{5}{6} + \frac{4}{7}}; \quad z = \frac{2088 \times \frac{4}{7}}{\frac{2}{3} + \frac{5}{6} + \frac{4}{7}}.$$

Mais $\quad \frac{2}{3} + \frac{5}{6} + \frac{4}{7} = \frac{261}{3 \times 6 \times 7}.$

Donc $\quad x = \dfrac{2088 \times \frac{2}{3}}{\dfrac{261}{3 \times 6 \times 7}} = \dfrac{2088 \times \dfrac{2 \times 3 \times 6 \times 7}{3}}{261}$

$$= \frac{2088 \times 2 \times 6 \times 7}{261} = 672;$$

$$y = \frac{2088 \times 5 \times 3 \times 7}{261} = 840; \quad z = \frac{2088 \times 4 \times 3 \times 6}{261} = 576.$$

Nous serions exactement arrivés au même résultat si, après avoir réduit les trois fractions $\frac{3}{4}$, $\frac{5}{6}$ et $\frac{4}{7}$ au même dénominateur, nous avions partagé 2088 en parties proportionnelles aux numérateurs de ces fractions. Donc, *pour partager un nombre en parties proportionnelles à des nombre fractionnaires, on réduira les fractions au même dénominateur,*

PARTAGES PROPORTIONNELS. 203

et on *partagera le nombre en parties proportionnelles aux numérateurs*.

Résolvons, par exemple, le problème suivant : Partager 804 francs entre trois personnes, sous les conditions suivantes : La première aura les $\frac{3}{5}$ de la part de la deuxième et la deuxième aura les $\frac{4}{7}$ de la part de la troisième

Si nous représentons par 1 la troisième part, la deuxième sera représentée par $\frac{4}{7}$ et la première par $\frac{4}{7} \times \frac{3}{5} = \frac{12}{35}$. Le problème revient donc à partager 804 en parties proportionnelles à $\frac{12}{35}$, $\frac{4}{7}$ et 1, ou, en réduisant au même dénominateur, en parties proportionnelles à $\frac{12}{35}$, $\frac{20}{35}$ et $\frac{35}{35}$, ou encore à 12, 20 et 35. Les trois parts sont donc, d'après la règle démontrée plus haut (n° 250),

$$\frac{804 \times 12}{67} = 144; \quad \frac{804 \times 20}{67} = 240; \quad \frac{804 \times 35}{67} = 420.$$

252. Problème. — *On a payé 240^f,30 un travail exécuté par une compagnie d'ouvriers comprenant 25 hommes, 16 femmes et 15 enfants. On demande de calculer le salaire de chacun d'eux, sachant que la part d'une femme est les $\frac{3}{4}$ de celle d'un homme, et la part d'un enfant les $\frac{2}{3}$ de celle d'une femme.*

La part d'un homme étant prise pour unité, celle d'une femme sera exprimée par $\frac{3}{4}$, et celle d'un enfant par $\frac{3}{4} \times \frac{2}{3} = \frac{1}{2}$. Ainsi les parts sont entre elles comme les nombres 1, $\frac{3}{4}$ et $\frac{1}{2}$ ou, ce qui est plus simple, comme les nombres 4, 3 et 2. Soient donc x, y, z les parts cherchées; nous aurons : $\frac{x}{4} = \frac{y}{3} = \frac{z}{2}$. On en déduit (n° 208) :

$$\frac{x}{4} = \frac{y}{3} = \frac{z}{2} = \frac{25x + 16y + 15z}{25 \times 4 + 16 \times 3 + 15 \times 2} = \frac{240,30}{178} = 1,35.$$

Par suite :

$$x = 1,35 \times 4 = 5,40;$$
$$y = 1,35 \times 3 = 4,05;$$
$$z = 1.35 \times 2 = 2,70.$$

233. QUESTIONS SUR LES SOCIÉTÉS. — Lorsque plusieurs personnes s'associent pour une entreprise, chacune d'elles verse dans la caisse sociale une certaine somme qu'on appelle *mise*.

Lorsque les mises des associés ont été employées pendant le même temps, on convient, en général, de répartir le bénéfice ou la perte entre les associés proportionnellement à leurs mises.

Si les mises sont égales et qu'elles aient servi pour l'entreprise pendant des temps différents, on convient, en général, de répartir le bénéfice ou la perte proportionnellement au temps.

Enfin, si les mises sont inégales et qu'elles aient servi pendant des temps différents, le partage se fait ordinairement proportionnellement au produit des mises par les temps.

Il résulte de ce que nous venons de dire qu'un problème sur les sociétés se ramène toujours à un problème de partages proportionnels.

Lorsqu'il s'agit d'entreprises considérables, le capital de la société est partagé en un très-grand nombre de mises égales auxquelles on donne le nom d'*actions*; le bénéfice annuel produit par chaque action est appelé *dividende*. Ces actions sont évidemment soumises à des variations qui dépendent du succès de l'entreprise. Par suite, il peut y avoir une différence plus ou moins grande entre la valeur *nominale* et la valeur *réelle*. Lorsque ces deux valeurs sont égales, on dit que ces actions sont *au pair*.

Nous traiterons seulement trois questions de société.

234. Problème. — *Les mises de* QUATRE *associés sont respectivement de* 2500^f, 3000^f, 3500^f *et* 4000 *francs. L'entreprise a produit un bénéfice* NET *de* 2080 *francs; combien revient-il à chaque associé ?*

D'après la convention établie plus haut, la question revient évidemment à partager 2080 francs en parties proportionnelles aux mises ou, ce qui revient au même, en parties proportionnelles aux nombres 5, 6, 7, 8. Nous trouverons donc pour les parts, en appliquant la règle du n° 250,

$$1^{re} \text{ part} : \frac{2080 \times 5}{26} = 400;$$

$$2^e \quad » \quad \frac{2080 \times 6}{26} = 480;$$

$$3^e \quad » \quad \frac{2080 \times 7}{26} = 560;$$

$$4^e \quad » \quad \frac{2080 \times 8}{26} = 640.$$

235. Problème. — *Deux associés ont fait un bénéfice de* 1250 *francs; leurs mises sont de* 3000 *et* 4000 *francs. La mise du premier est restée* 6 *mois dans la société, celle du second* 8 *mois. Combien reviendra-t-il à chacun ?*

D'après les conventions précédentes, il est clair que le problème revient à partager 1250 en deux parties proportionnelles à 3000 × 6 et 4000 × 8, ou bien à 9 et à 16. En appliquant la règle connue, on trouve pour la première part :

$$\frac{1250 \times 9}{25} = 450 \text{ et pour la seconde}: \frac{1250 \times 16}{25} = 800.$$

236. Problème. — *Les actions d'une entreprise sont au*

cours de 1450 francs; les actionnaires reçoivent 50ᶠ,75 pour un semestre. Quel est le taux actuel des actions de cette entreprise?

Chaque action rapportant 50ᶠ,75 par semestre, produit une rente annuelle de 50ᶠ,75 × 2 ou 101ᶠ,50; le problème à résoudre est donc celui-ci : Un capital de 1450 francs produit une rente annuelle de 101ᶠ,50, quel est le taux de l'intérêt? En appliquant la deuxième règle du n° 203, on trouve pour résultat : $\dfrac{101,50 \times 100}{1450} = 7$. Le taux actuel des actions est donc de 7 pour cent.

CHAPITRE V.

MOYENNES ARITHMÉTIQUES. — QUESTIONS SUR LES MÉLANGES ET LES ALLIAGES.

257. Moyenne arithmétique. — La moyenne arithmétique de plusieurs quantités est le quotient qu'on obtient en divisant la somme de ces quantités par leur nombre.

Exemple : Un expérimentateur a pesé le même corps six fois de suite. Il a trouvé successivement pour le poids de ce corps : $10^{gr},354$; $10^{gr},357$; $10^{gr},356$; $10^{gr},355$; $10^{gr},353$; $10^{gr},355$. Ces nombres étant très-peu différents les uns des autres, chacun d'eux s'écarte probablement très-peu de la vérité; il est d'ailleurs permis d'admettre que toutes les erreurs ne sont pas de même sens et que la somme des erreurs en plus diffère peu de la somme des erreurs en moins. La somme totale des résultats représente donc le résultat véritable répété autant de fois qu'il y a eu d'expériences, plus ou moins une très-petite quantité probablement inférieure à la plus petite des erreurs commises dans les différentes expériences. Il en résulte que si nous appliquons ici la règle des moyennes arithmétiques, l'erreur définitive ne sera probablement que le sixième de l'erreur commise dans l'une des pesées. Le nombre $10^{gr},355$ trouvé ainsi doit donc être plus près de la vérité qu'aucun des six nombres obtenus dans les pesées successives

238. Problème. — *Un marchand a mélangé 45 hectolitres blé à 16 francs avec 20 hectolitres à 18 francs et 55 à 21 fr. combien lui revient un hectolitre du mélange ?*

Les 45 hectolitres à 16 fr. coûtent : $16 \times 45 = 720$ fr.;
Les 20 hectolitres à 18 fr. coûtent : $18 \times 20 = 360$ fr.;
Les 55 hectolitres à 21 fr. coûtent : $21 \times 55 = 1155$ fr.

Le mélange se compose donc de 120 hectolitres coûtant semble 2235 francs. Le prix d'un hectolitre s'obtiendra nc en divisant 2235 par 120, ce qui donne : $18^f,625$.

239. Problème. — *Un marchand possède 300 litres de vin qu'il a achetés à raison de 65 centimes le litre. Il veut les mélanger avec de l'eau de manière à abaisser le prix du mélange à 50 centimes. Combien doit-il faire entrer de litres d'eau dans le mélange ?*

Les 300 litres de vin à 65 centimes coûtent :

$$0,65 \times 300 = 195 \text{ francs.}$$

Tel sera donc aussi le prix du mélange. Or, si l'on connaissait le nombre de litres du mélange, en multipliant 50 centimes par ce nombre, on reproduirait 195 francs. Donc, inversement, si l'on divise 195 par 0,5, on aura le nombre de litres du mélange. On trouve ainsi que le mélange doit se composer de

$$\frac{195}{0,5} = \frac{1950}{5} = 390 \text{ litres.}$$

Il faut donc ajouter 90 litres d'eau.

240. Problème. — *Un marchand possède du vin de deux qualités, l'une à 75 centimes le litre et l'autre à 45 centimes le litre. Dans quel rapport doit-il les mélanger pour que le prix du mélange soit de 50 centimes par litre ?*

Écrivons les deux prix l'un au-dessous de l'autre, et plaçons le prix du mélange entre les deux. Écrivons vis-à-vis de 45 la différence entre 75 et 50, et vis-à-vis de 75

MOYENNES ARITHMÉTIQUES. 209

la différence entre 50 et 45, comme l'indique le tableau ci-dessous :

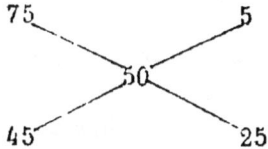

Il est évident que la perte et le gain seront compensés si l'on prend 5 litres du premier vin pour 25 litres du second. En effet, si la perte avec le premier vin est de 25 × 5, le gain fourni par le second est de 5 × 25.

Il faut donc mélanger les deux vins dans le rapport de 5 à 25 ou, ce qui est plus simple, dans le rapport de 1 à 5.

Tant qu'on ne fixe pas le nombre des litres du mélange, le problème est *indéterminé*; il admet une infinité de solutions. Mais il deviendra déterminé si nous fixons le nombre des litres du mélange. Supposons, par exemple, qu'on veuille avoir un mélange de 420 litres dans les conditions précédentes. Il est évident qu'il faudra partager 420 en parties proportionnelles à 1 et à 5. On trouve, en appliquant la règle (n° 250), qu'il faut prendre 70 litres du premier vin et 350 litres du second.

241. Problème. — *Un orfèvre a deux lingots d'or; le premier au titre de 0,92 et le second au titre de 0,75. Il veut en faire un lingot pesant 340 grammes, au titre de 0,84. Combien doit-il prendre de grammes de chaque lingot?*

En disposant comme nous l'avons indiqué dans l'exemple précédent les nombres 92, 75 et 84, et en faisant les soustractions dans le même ordre, on trouve qu'il faut prendre 9 parties du premier lingot pour 8 du second :

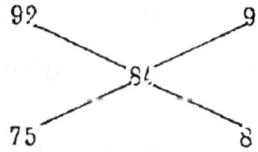

Il ne reste plus qu'à partager 340 en parties proportionnelles à 9 et à 8. Appliquant la règle connue, on trouve qu'il faut prendre 180 grammes du premier lingot et 160 grammes du second.

242. Problème. — *Un orfèvre a un lingot d'or au titre de 0,92 pesant 450 grammes. Combien doit-il ajouter de cuivre pour obtenir un lingot au titre des monnaies?*

On peut résoudre ce problème comme les précédents en considérant le cuivre pur comme ayant pour titre zéro. On verrait alors qu'il faut prendre 2 parties de cuivre pour 90 parties du lingot d'or, ou 1 partie de cuivre pour 45 du lingot.

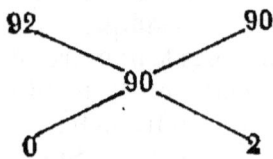

Puisqu'il faut 1 partie de cuivre pour 45 parties de lingot, il faudra 10 grammes de cuivre pour 450 grammes de lingot.

Ce problème peut encore être résolu directement de la manière suivante : Le poids de l'or contenu dans le lingot est les $\frac{92}{100}$ de 450 ou 414 grammes. Mais, quand on aura ajouté le cuivre nécessaire, le poids de l'or ne sera plus que les $\frac{90}{100}$ ou les $\frac{9}{10}$ du poids total ; nous aurons donc le poids total en divisant 414 par $\frac{9}{10}$, ce qui donne : $\frac{4140}{9} = 460$. Le poids total devant être de 460 grammes, on conclut qu'il faut ajouter 10 grammes de cuivre.

Conversion des anciennes mesures françaises et des mesures étrangères en mesures françaises nouvelles.

ANCIENNES MESURES DE FRANCE.

I. **Longueurs.** — L'unité fondamentale était le pied de roi. Il avait pour multiple la *toise* qui valait 6 *pieds*. Ses subdivisions étaient le *pouce* et la *ligne*. Le pied valait 12 pouces et le pouce 12 lignes. La toise valait donc 864 lignes.

L'arc du méridien compris entre le pôle et l'équateur avait été évalué en toises ; on avait trouvé 5 130 740 toises. On en conclut qu'une toise vaut en mètres :

$$\frac{10000000}{5130740} = 1^m,94904.$$

On peut aussi trouver très facilement la valeur du mètre en toise ; il suffit de faire l'opération inverse de la précédente. La valeur du mètre en toise est exprimée, en fraction décimale, par $0^t,513\,074$. On en déduit le nombre de pieds, pouces et lignes que renferme la valeur du mètre. On trouve : $3^p0^{p}11^l,296$, ou $443^l,296$, à moins d'un demi-millième de ligne près.

Ce nombre une fois connu, il est facile d'obtenir l'expression d'une longueur en décimales, le mètre étant pris pour unité, lorsque cette longueur a été exprimée au moyen d'un nombre complexe de toises, pieds, pouces, etc. Prenons, par exemple, $5^t 4^p 8^p 6^l$. Si nous le convertissons d'abord en lignes, nous trouvons 4998 lignes. La longueur sera donc exprimée en mètres par le nombre fractionnaire $\frac{4998}{443,296} = 11^m,275$ à un millième près.

La conversion des anciennes unités de longueur en nouvelles

se fait ordinairement à l'aide d'une table spéciale que l'on construit de la manière suivante : Dans une première colonne, on dispose verticalement les neuf premiers nombres; dans une seconde colonne on inscrit les valeurs en mètres de 1 toise, 2 toises.... jusqu'à 9 toises; la troisième colonne comprend les valeurs en mètres de 1 pied, 2 pieds.... jusqu'à 9 pieds; la quatrième colonne comprend les valeurs en mètres de 1 pouce, 2 pouces:... jusqu'à 9 pouces. Enfin, la cinquième colonne donne en millimètres les valeurs de 1, 2, 3.... 9 lignes. Ces différentes valeurs se déduisent du nombre $1^m,94904$ qui représente la valeur de la toise en mètres.

TABLE POUR LA CONVERSION DES ANCIENNES MESURES DE LONGUEUR EN NOUVELLES.

NOMBRES.	TOISES EN MÈTRES.	PIEDS EN MÈTRES.	POUCES EN MÈTRES.	LIGNES EN MILLIMÈTRES.
1	1,94904	0,32444	0,02707	2,256
2	3,89807	0,64968	0,05414	4,512
3	5,84711	0,97452	0,08121	6,767
4	7,79615	1,29936	0,10828	9,023
5	9,74518	1,62420	0,13535	11,279
6	11,69422	1,94904	0,16242	13,535
7	13,64326	2,27388	0,18949	15,791
8	15,59229	2,59872	0,21656	18,047
9	17,54133	2,92355	0,24363	20,302

L'usage de cette table est très facile. Supposons qu'on ait à convertir $32^t\,3^p\,5^p\,10^l$. On prend d'abord pour 30 toises, ce qui se fait en déplaçant la virgule d'un rang vers la droite dans le nombre qui exprime la valeur de 3 toises; on prend ensuite pour 2 toises, puis pour 3 pieds, puis pour 5 pouces, etc. Ces nombres étant convenablement disposés les uns au-dessous des autres, on fait l'addition et on trouve : $63^m,50160$.

```
Pour 30 toises. . . .  58 ,4711
     2   —  . . . .   3 ,89807
     3 pieds. . . .   0 ,97452
     5 pouces . . .   0 ,13535
    10 lignes. . . .  0 ,02256
 32T 3P 5P 10 lignes.  =  63 ,50160
```

Parmi les anciennes mesures de longueur citons encore :

L'*aune* qui servait à mesurer les étoffes et comprenait $3^p 7^p 10^l$; sa valeur en mètres est : $1^m,18845$.

La perche de Paris qui servait pour les terrains; elle avait 18 pieds.

La perche des eaux et forêts; elle avait 22 pieds.

II. **Surfaces**. — On prenait pour unités de surface les carrés construits sur les différentes unités de longueur. Il y avait : la toise carrée, le pied carré, etc. La toise carrée valait 36 pieds carrés, le pied carré valait 144 pouces carrés, le pouce carré 144 lignes carrées.

La toise carrée valait $3^{cq},7987$. En s'appuyant sur ce résultat, on construit facilement la table pour la conversion des anciennes unités de surface en nouvelles. On se sert d'ailleurs de cette table comme de la précédente.

TABLE POUR LA CONVERSION DES ANCIENNES MESURES DE SURFACE EN NOUVELLES.

NOMBRES.	TOISES CARRÉES EN MÈTRES CARRÉS.	PIEDS CARRÉS EN MÈTRES CARRÉS.	POUCES CARRÉS EN CENTIMÈTRES CARRÉS.	LIGNES CARRÉES EN MILLIMÈTRES CARRÉS.
1	3,7987	0,1055	7,3279	5,089
2	7,5975	0,2110	14,6556	10,178
3	11,3962	0,3166	21,9835	15,266
4	15,1950	0,4221	29,3113	20,355
5	18,9937	0,5276	36,6391	25,444
6	22,7925	0,6331	43,9669	30,523
7	26,5912	0,7386	51,2948	35,621
8	30,3899	0,8442	58,6226	40,710
9	34,1887	0,9497	65,9504	45,799

Les anciennes mesures agraires étaient la perche carrée et l'arpent de Paris. La perche carrée était un carré de 18 pieds de ôté et l'arpent valait 100 perches.

Il y avait aussi la perche carrée des eaux et forêts, carré de

22 pieds de côté, et l'arpent des eaux et forêts qui valait 100 perches.

La perche carrée de Paris valait.	34ᵐq,19
L'arpent de Paris.	3418 ,67
La perche carrée des eaux et forêts. . . .	51 ,07
L'arpent des eaux et forêts.	5107 ,20

III. Volumes. — On prenait pour unités de volume les cubes construits sur les unités de longueur, savoir :

La *toise cube* qui valait 216 pieds cubes, le *pied cube* qui valait 1728 pouces cubes, le *pouce cube* qui valait 1728 *lignes cubes*.

1 toise cube vaut.	7ᵐc,4039
1 pied cube vaut.	0ᵐc,03428
1 pouce cube vaut.	19ᵐc,835
1 ligne cube vaut.	11ᵐᵐc,48

Quant aux mesures de capacité, elles variaient d'une province à l'autre. A Paris, on employait pour les liquides :

La *pinte* valant 0ˡⁱᵗ,92; elle se divisait en 2 *chopines*.
Le *muid* valant 264 litres; il se divisait en 2 *feuillettes*.

Les mesures employées pour les grains étaient :

Le *setier* valant 156 litres; il se divisait en 12 *boisseaux*.
Le *boisseau* valant 13 litres; il se divisait en 16 *litrons*.
Le *litron* valait 0ˡⁱᵗ,81.

IV. Poids. — L'ancienne unité de poids était la *livre poids*. Elle se divisait en 16 *onces*; l'once se divisait en 8 *gros*; le gros se divisait en 72 *grains*. La livre poids valait donc 9216 grains.

La livre poids vaut 0ᵏᵍʳ,48 951. Ce nombre une fois connu, on en déduit facilement la table de conversion des anciennes unités de poids en nouvelles.

TABLE POUR LA CONVERSION DES ANCIENNES UNITÉS DE POIDS EN NOUVELLES.

NOMBRES.	LIVRES EN KILOGRAMMES.	ONCES EN GRAMMES.	GROS EN GRAMMES.	GRAINS EN GRAMMES.
1	0,48951	30,59	3,824	0,053
2	0,97901	61,19	7,649	0,106
3	0,46852	91,78	11,473	0,159
4	1,95802	122,38	15,297	0,212
5	2,44753	152,97	19,111	0,266
6	2,93703	183,56	22,946	0,319
7	3,42654	214,16	26,770	0,372
8	3,91605	244,75	30,594	0,424
9	4,40555	275,35	24,418	»

V. **Monnaies**. — L'ancienne unité monétaire était la livre tournois; elle se divisait en 20 *sous* et le sou se subdivisait en 12 *deniers*. La livre tournois valait donc 240 deniers.

81 livres tournois valent 80 francs. La livre est donc exprimée en francs par la fraction $\frac{80}{81} = 0^{fr},987\,651$. En se fondant sur ce résultat, on construirait facilement une table analogue aux précédentes servant à la conversion des anciennes unités monétaires en nouvelles.

VI. **Mesures étrangères**. — Quelques nations étrangères mais c'est malheureusement le petit nombre, ont adopté le système métrique. Comme il nous serait impossible de donner ici une nomenclature complète des mesures étrangères, nous nous contenterons de dresser un tableau comparatif des mesures anglaises et des mesures françaises.

MESURES DE LONGUEUR.		VALEURS EN MÈTRES.
Pouce	($\frac{1}{12}$ du pied).	0,02540
Pied	($\frac{1}{3}$ du yard).	0,03048
Yard	(unité fondamentale).	0,91438
Fathom	(2 yards).	1,82877
Perh	(3 1/2 yards).	5,02911
Furlong	(220 yards).	201,16437
Mille	(1760 yards).	1609,3149

MESURES DE SUPERFICIE.	VALEURS EN MÈTRES CARRÉS.
YARD CARRÉ.	0mq,836097
Acre . . . . . . (4840 yards).	4046 ,71

MESURES DE CAPACITÉ.	VALEURS EN LITRES.
Pint . . . . . . ($\frac{1}{8}$ de gallon).	0lit,567832
Quart . . . . . . ($\frac{1}{4}$ de gallon).	1 ,135864
GALLON. (unité fondamentale).	4 ,543446
Peck . . . . . . (2 gallons).	9 ,086916
Bushel . . . . . (8 gallons).	36 ,347664
Sack . . . . . . (3 bushels).	109 ,043
Quarter . . . . . (8 bushels).	290 ,7813
Chaldron . . . . . (12 sacks).	1306 ,516

MESURES DE POIDS.	VALEURS EN GRAMMES.
Grain . . . . . . ($\frac{1}{24}$ du penny-weight).	0gr,065
Penny-weight . . ($\frac{1}{20}$ d'once).	1 ,155
Once . . . . . . ($\frac{1}{12}$ de livre).	31 ,103
LIVRE TROY . . . (unité fondamentale).	373 ,242

MONNAIES.	VALEURS EN FRANCS.	POIDS EN GRAMMES.
Livre sterling (monnaie de compte).	25f,21	
Or . . . { Souverain. } Titre. 0,917.	25 ,21	7gr,981
Or . . . { Guinée . . } Titre. 0,917.	26 ,47	8 ,380
Argent. { Schilling . } Titre. 0,925.	1 ,24	5, 650
Argent. { Couronne. } Titre. 0,925.	6 ,16	26, 251
Billon. } Penny . . . . {	0 ,01	

PROBLÈMES

Exercices sur le livre premier.

1. Quel ordre d'unités représente le quatorzième chiffre d'un nombre ?

2. Combien de chiffres doit-on écrire pour former le tableau des 9999 premiers nombres ?

3. La lumière parcourt 75 000 lieues de 4 kilomètres par seconde et met 8 minutes 18 secondes pour venir du soleil à la terre. Quelle est en kilomètres, la distance du soleil à la terre ?

4. Une fontaine donne 18 litres d'eau par minute. Combien en donne-t-elle par jour ?

5. Dupuytren, né le 6 octobre 1777, est mort le 8 février 1835. Combien de jours a-t-il vécu ? L'année commune est de 365 jours, et, de 1777 à 1835, il y a eu 13 années de 366 jours.

6. Combien y a-t-il de secondes dans une année bissextile ?

7. La distance moyenne du soleil à la terre est de 23 200 rayons terrestres ; le rayon terrestre est de 6366 kilomètres. Évaluer, d'après ces données, la distance du soleil à la terre, et calculer le temps que mettrait pour parcourir cette distance une locomotive qui ferait 53 kilomètres à l'heure.

8. La somme de deux nombres est 238 ; leur différence est 52. Quels sont ces deux nombres ?

9. Un nombre est composé de deux chiffres dont la somme est 11 ; si l'on intervertit l'ordre des chiffres, le nombre augmente de 27. Quel est ce nombre ?

10. On a payé 80 340 francs un convoi de marchandises pesant brut 1854 kilogrammes. Le poids de l'emballage est le sixième du poids total. A combien revient le kilogramme de marchandise ?

11. La distance de la lune à la terre est 60 fois plus grande que le rayon du globe terrestre, et ce rayon est de 6366 kilomètres. Quel temps mettrait le son, qui parcourt 340 mètres par seconde, pour venir de la lune à la terre ?

12. Un marchand avait acheté 1275 hectares de bois à 750 fr. l'hectare ; il a ensuite vendu 350 hectares à 825 fr. l'hectare et 425 hectares à 720 fr. Combien lui coûte chaque hectare du reste ?

13. Trouver trois nombres tels que la somme des deux premiers soit 793, la somme des deux derniers 1010 et la somme du premier et du troisième 867.

14. La distance de Paris à Lyon est de 512 kilomètres. A 6 heures du matin, un train quitte Paris pour se rendre à Lyon, et à 8 heures du matin, un train part de Lyon pour Paris. La vitesse du premier train est de 50 kilom. par heure, et celle du second de 53 kilom. A quelle heure et à quelle distance des deux villes la rencontre a-t-elle lieu ?

15. Le diamètre d'une pièce de 5 fr. en argent est de 37^{mm}, et celui d'une pièce de 2 fr. est de 27^{mm}. On veut former une longueur de 2 mètres avec 70 de ces pièces. Combien faut-il prendre de pièces de chaque espèce ?

16. Un père a 43 ans et son fils a 7 ans ; on demande dans combien de temps l'âge du père sera quadruple de celui du fils.

17. Deux personnes possèdent respectivement 200 000 fr. et 35 000 fr. ; chacune d'elle économise 5000 fr. par an. Dans combien d'années la fortune de la seconde personne sera-t-elle le quart de celle de la première ?

18. 354 pièces de monnaie d'argent, les unes de 2 fr. et les autres de 5 fr., forment une somme totale de 1348 fr. Combien y a-t-il de pièces de chaque espèce ?

19. On écrit la suite naturelle des nombres sans séparer les différents chiffres. Quel est le 52 729ᵉ chiffre de cette suite ?

20. Partager 55 158 fr. entre quatre personnes, de manière que la seconde ait le triple de la première, la troisième dix fois autant que la seconde, et la quatrième vingt fois autant que la troisième.

21. Une fontaine fournit 420 litres d'eau en 5 heures ; une autre en fournit 357 litres en 7 heures ; une autre en fournit 528 litres en 8 heures. Combien mettront-elles de temps, en coulant ensemble, pour remplir un réservoir contenant 2948 litres.

22. Trois bassins contiennent : l'un 3686 litres d'eau, le deuxième 1932 litres et le troisième 1640 litres. Le premier laisse échapper 16 litres d'eau par minute, et chacun des deux autres 4 litres. Au bout de combien de temps le premier contiendra-t-il la moitié de l'eau que contiendront les deux autres ?

23. On a partagé une somme de 95 235 fr. entre deux personnes, de manière que l'une ait autant de pièces de 20 fr. que l'autre de pièces de 5 fr. Quelle est la part de chacune d'elles?

24. Démontrer que le produit de deux facteurs diminue quand on augmente le plus grand et qu'on diminue le plus petit d'une unité.

Exercices sur le livre II.

25. Quand on divise successivement deux nombres par leur différence, les restes sont égaux et les quotients ne diffèrent que d'une unité.

26. Si deux nombres divisés par le même diviseur donne le même reste, la différence des deux nombres est divisible par le diviseur.

27. Un nombre est divisible par 6, si le chiffre des unités ajouté à quatre fois la somme de tous les autres donne une somme divisible par 6.

28. Un nombre est divisible par 8, si le chiffre des unités ajouté au double du chiffre des dizaines et au quadruple de celui des centaines donne une somme divisible par 8.

29. Quels sont les caractères de divisibilité par 18, 24 et 45?

30. Quel chiffre faudrait-il mettre à la droite du nombre 45 pour que le nombre ainsi formé fût à la fois divisible par 2, 3 et 9?

31. Prouver que la différence de deux nombres composés des mêmes chiffres est divisible par 9.

32. Démontrer qu'un nombre ne peut pas être à la fois M.12+7 et M.15+8.

33. Le produit de trois nombres entiers consécutifs est divisible par 6.

34. La somme des carrés de deux nombres entiers ne peut être divisible par 7 que si les nombres sont eux-mêmes divisibles par 7.

35. a et b étant deux nombres non divisibles par 3, $a^6 - b^6$ est divisible par 9.

36. Si $3^n + 1$ est multiple de 10, $3^{n+4} + 1$ est aussi multiple de 10.

37. n désignant un nombre entier quelconque, le produit $n(n+1)(2n+1)$ est divisible par 5.

38. Un carré divisé par 8 ne peut donner pour reste ni 3 ni 7.

39. Démontrer que tout nombre premier supérieur à 3 est un multiple de 6 augmenté de 1 ou un multiple de 6 diminué de 1.

40. Démontrer que les nombres $5A+6B$ et $A+B$ ont le même plus grand commun diviseur que A et B.

41. Trouver le plus grand commun diviseur et le plus petit commun multiple des nombres 793 800 et 13 068.

42. Trouver le plus grand commun diviseur et le plus petit commun multiple des nombres 28, 105, 62 et 462.

43. Le produit de deux nombres entiers consécutifs est égal à 470. Quels sont ces nombres?

44. Le produit $n\,(n+1)\,(2n+1)$ est égal à 46 496. Quelle est la valeur de n?

45. Si a et b sont premiers entre eux, $a+b$ et $a-b$ ne peuvent avoir d'autre diviseur commun que 2.

Exercices sur le livre III.

46. Trouver une fraction équivalente à $\frac{3}{8}$ et telle que la somme des deux termes soit égale à 77.

47. Trouver une fraction équivalente à $\frac{4}{11}$ et telle que la différence des deux termes soit égale à 147.

48. Simplifier la fraction $\frac{2240}{3840}$.

49. Réduire à leur plus petit dénominateur commun les fractions $\frac{21}{36}, \frac{35}{56}, \frac{80}{660}$.

50. On retient à un fonctionnaire, à son entrée en fonctions, $\frac{1}{12}+\frac{1}{20}$ de son traitement. Quelle fraction de son traitement lui restera-t-il?

51. Réduire à leur plus petit commun numérateur les fractions $\frac{25}{27}, \frac{8}{9}, \frac{12}{13}, \frac{15}{17}$ et $\frac{20}{21}$, disposer ces fractions par ordre de grandeur.

52. La population de l'Asie est les $\frac{13}{7}$ de celle de l'Europe. Celle de l'Afrique en est les $\frac{3}{11}$, et celle de l'Amérique les $\frac{13}{77}$. En supposant que la population de l'Asie soit de 390 257 000 habitants, calculer celle des autres parties du monde.

53. Deux fractions irréductibles ne peuvent avoir pour somme un nombre entier que si elles ont le même dénominateur.

PROBLÈMES.   221

54. Quand une fraction plus grande que l'unité est irréductible et que l'on en extrait les entiers, la nouvelle fraction est elle-même irréductible.

55. Calculer la valeur de l'expression :

$$\frac{\frac{13}{15}+32}{\frac{5}{12}+\frac{3}{8}-\frac{7}{18}}.$$

56. Un homme adulte fait environ 17 inspirations d'air par minute, en introduisant chaque fois les $\frac{5}{7}$ d'un litre d'air dans ses poumons. Quel est le volume d'air introduit en 24 heures.

57. Deux personnes possédaient à elles deux 58 400 fr. La première a dissipé les $\frac{5}{8}$ de sa part; la seconde en a dissipé les $\frac{6}{11}$, et elles possèdent alors la même somme. Quelle est la part de chacune?

58. Quel est le plus petit nombre qu'il faut ajouter aux deux termes de la fraction $\frac{14}{15}$ pour que la fraction obtenue diffère de l'unité de moins de $\frac{1}{100}$?

59. Une pompe peut épuiser l'eau d'une mine en 15 jours; une deuxième pompe l'épuiserait en 12 jours; une troisième en 28 jours. Quelle fraction de l'eau de la mine les trois pompes videraient-elles en un jour?

60. Une fontaine fournit 30 hectolitres d'eau en 4 heures et demie; une deuxième 54 hectolitres en 8 heures; une troisième $80^{hl}+\frac{7}{10}$ en $10^h+\frac{5}{6}$; une quatrième $68^{hl}+\frac{4}{15}$ en 12 heures. Combien ces quatre fontaines réunies emploieront-elles de temps pour remplir un bassin de 2590 hectolitres?

61. Une compagnie d'ouvriers peut creuser un fossé en 12 jours, une seconde compagnie le creuserait en 15 jours, une troisième en 20 jours. Combien les trois compagnies emploieraient-elles de jours pour creuser le fossé?

62. Partager 6440 fr. entre quatre personnes, de manière que la seconde part soit les $\frac{2}{3}$ de la première, la troisième les $\frac{4}{7}$ de la seconde et la quatrième les $\frac{8}{11}$ de la troisième.

63. Quelqu'un a acheté $\frac{5}{6}$ de mètre de drap à 72 fr. le mètre; il cède à un de ses amis les $\frac{3}{4}$ de ce qu'il a acheté. Combien lui reste-t-il de drap et combien doit-on lui rembourser?

64. Un marchand a vendu pour 628 fr. de marchandises. S'il les avait vendues 72 fr. de plus, il aurait gagné une somme égale aux $\frac{2}{3}$ de ce que les marchandises lui avaient coûté. Combien avait-il payé les marchandises?

65. Une balle élastique rebondit chaque fois à une hauteur égale aux $\frac{3}{5}$ de la hauteur d'où elle est tombée. Après avoir rebondi 3 fois, elle s'élève à 1^m,08. De quelle hauteur était-elle tombée primitivement?

66. Une montre marque midi. A quelle heure aura lieu la prochaine rencontre de l'aiguille des minutes et de l'aiguille des heures?

67. Une montre marque midi. A quelle heure l'aiguille des secondes partagera-t-elle en deux parties égales l'angle formé par l'aiguille des minutes et l'aiguille des heures?

68. En supposant que l'année soit de 365^j 1/4 et qu'une lunaison soit égale à 29^j $\frac{499}{840}$, on demande de déterminer le plus petit intervalle de temps qui soit à la fois un nombre exact d'années et un nombre exact de lunaisons.

69. Un omnibus met $\frac{1}{2}$ heure pour aller à sa destination; il stationne $\frac{1}{5}$ d'heure et met $\frac{1}{3}$ d'heure pour revenir à son point de départ. En admettant que le voyage se compose de l'aller, de la station et du retour, combien cet omnibus fera-t-il de voyages depuis 7^h 1/2 du matin jusqu'à 11 heures du soir?

70. Une somme est répartie entre trois personnes. La première reçoit les $\frac{2}{3}$ de la somme totale, la seconde les $\frac{4}{15}$ de cette somme et la troisième 70 fr. Quelle est la somme, et combien reçoit chaque personne?

71. Un marchand a acheté une pièce de drap à raison de 20 fr. le mètre. Il en a vendu la moitié à 24 fr.; le sixième à 20 fr., le quart à 27 fr, et le reste à 30 fr. Il a ainsi gagné 165 fr. sur le marché. Combien de mètres a la pièce de drap?

72. 3 kilogr. de café et 8 kilogr. de thé coûtent 243^f,95, tandis que

3 kilogr. de café et 11 kilogr. de thé coûteraient 330ᶠ,20. Quels sont les prix du café et du thé?

73. On emploie dans une fabrique des hommes, des femmes et des enfants. Les hommes reçoivent 22ᶠ,50 par semaine, les femmes 13ᶠ,50, et les enfants 6ᶠ,60. La dépense d'un mois, pendant lequel chaque ouvrier a travaillé 24 jours, est de 34 200 fr. Les hommes ont eu pour leur part 22 500 fr. et les enfants 1980 fr. On demande combien il y a d'hommes, de femmes et d'enfants, et le salaire de chacun par jour.

74. On veut partager une somme de 1324 fr. entre trois personnes, de manière que la seconde ait 180ᶠ,85 de plus que la première, et la troisième 24ᶠ,05 de plus que la seconde. Quelle sera la part de chaque personne?

75. La tête d'une vis porte 500 divisions égales. Quand on a fait faire 2 tours complets à la vis, elle avance de 7 millimètres; de combien avancera-t-elle quand on lui fera faire 8 tours complets et qu'on fera encore tourner la tête de 280 divisions?

76. On a deux points A et B distants de 225 kilomètres. La tonne de charbon coûte en A 37ᶠ,50 et en B 25 fr. Quel est le point C de la ligne AB, où le charbon coûte le même prix, qu'il vienne de A ou qu'il vienne de B, la tonne payant 0ᶠ,08 de transport par kilomètre?

77. Quelqu'un a acheté 250 mètres de drap de deux qualités; il en a pris autant d'une qualité que de l'autre et a déboursé 12 600 fr. On demande le prix du mètre de chaque qualité, sachant que 5 mètres du premier coûtent autant que 7 mètres du second.

78. La poste se charge des envois d'argent moyennant une rétribution égale au centième de la somme inscrite sur le mandat, plus 0ᶠ,20 pour droit de timbre et 0ᶠ,20 pour affranchissement. Cela posé, on suppose que l'on ait versé une somme de 353ᶠ,90; quel sera le montant du mandat?

79. Un convoi de chemin de fer composé de 756 voyageurs (première et deuxième classe) a produit une recette de 7068 fr. Le prix de la première classe étant de 11ᶠ,40 et celui de la seconde de 8ᶠ,55, on demande le nombre des voyageurs de chaque classe.

80. Une machine à vapeur a consommé, en 103 jours de travail, 801 050 kilogr. de charbon. Un perfectionnement apporté à sa construction permet, en obtenant la même force, de ne brûler que 2860 kilogr. en 37 heures. Trouver l'économie annuelle due à ce perfectionnement en supposant 330 jours de travail par an et le prix du charbon de 0ᶠ,75 les 100 kilogrammes.

81. Un chemin de fer prend pour le transport du charbon 0,97 par tonne et par myriamètre. On paye, en outre, un droit fixe de 2ᶠ,12 par wagon contenant 3240 hectolitres; l'hectolitre de charbon pèse 82 kilogrammes. Cela posé, on sait que le chef d'une usine paye annuellement au chemin de fer 2580 fr. pour le transport de ses charbons, le parcours étant de 2$^{m\gamma\gamma}$,375. Calculer le nombre d'hectolitres transportés.

82. Un lingot de métal qui sert à fabriquer la monnaie d'or a pour base un carré de 3^{cm},5 de côté et l'épaisseur est de 2^{cm},4. Combien pourra-t-on fabriquer de pièces de 20 francs avec ce lingot? On sait que l'or pèse, à volume égal, 19 fois autant que l'eau.

83. Un bassin qui peut contenir 50 hectolitres d'eau en reçoit d'une source $\frac{4}{5}$ d'hectolitre par heure et en perd par un orifice $\frac{2}{3}$ d'hectolitre par heure. En combien d'heures sera-t-il rempli ?

84. Une montre avance de 5^m$\frac{1}{2}$ par jour. Dans combien de temps aura-t-elle avancé de 12 heures?

85. Un homme peut prononcer 9 syllabes par seconde, et le son parcourt 340 mètres par seconde. A quelle distance un observateur devra-t-il se trouver d'un obstacle pour que l'écho répète les quatre dernières syllabes?

86. On sème dans une prairie 20 kilogrammes de graine de luzerne par hectare; l'hectolitre de cette graine pèse 35 kilogrammes, au prix de 1^f,25 le décalitre. Quel sera le prix de la graine nécessaire pour ensemencer une prairie de 8 hectares + $\frac{2}{5}$?

87. On a pesé l'eau contenue dans un vase avec 276 pièces de cinquante centimes. Exprimer la capacité du vase en centimètres cubes.

88. 121^{kg}1/2 d'acide sulfurique et 82^{kg}1/2 de zinc additionnés d'eau fournissent 2^{k} $\frac{1}{2}$ d'hydrogène. Combien faudra-t-il d'acide sulfurique et de zinc pour gonfler un ballon de 50 mètres cubes de capacité? Le litre d'hydrogène pèse 0^{gr},089.

89. Un bloc de chêne, de forme rectangulaire, a 2^m,05 de long sur 0^m,32 de largeur et 0^m,45 d'épaisseur. Quel est son poids? La densité du chêne est de 0,82.

90. Le décimètre carré d'une tôle de fer de 1^{mm},6 d'épaisseur pèse 11^{gr},6; le poids d'une feuille de cette tôle étant 2^{kg},494, quelle est sa superficie en mètres carrés?

91. Quelle est la valeur du kilogramme d'argent pur, au change des monnaies, le prix de fabrication d'un kilogramme d'argent monnayé étant 1^f,50 ?

92. Un objet d'argent au titre de 950 millièmes pèse 86 grammes. Quelle est sa valeur au change des monnaies?

PROBLÈMES.   225

93. Quelle est la valeur d'un kilogramme d'or pur au change des monnaies, le prix de fabrication de la monnaie d'or étant de 6^f,70 par kilogramme ?

94. Quelle est la valeur, au change des monnaies, d'un objet en or au titre de 0,92 pesant 35 grammes ?

95. Un lingot d'or au titre de 0,84 pèse 75 grammes. Quel poids d'or pur faudra-t-il lui ajouter pour l'amener au titre légal des monnaies ?

96. Un lingot d'argent au titre de 0,95 pèse 63 grammes. Quel poids de cuivre faudra-t-il lui ajouter pour le ramener au titre légal des monnaies ?

97. On a fondu ensemble trois lingots d'or pesant respectivement 40$^\text{r}$,5 ; 84$^\text{r}$,6 ; 32$^\text{r}$,9. Le premier était au titre de 0,92 ; le second au titre de 0,75 ; le troisième au titre de 0,84. Quel est le titre du lingot résultant ?

98. Combien faudra-t-il prendre de parties de deux lingots, l'un au titre de 0,95 et l'autre au titre de 0,80, pour obtenir 30$^\text{r}$.6 au titre de 0,9 ?

99. De Paris à Nantes, il y a 431 kilomètres, et de Paris à Strasbourg 501 kilomètres. Le transport des céréales coûte 0^f,15, par tonne et par kilomètre. L'hectolitre de froment pèse 75 kilogrammes et coûte 30 francs à Nantes. Combien doit-il coûter à Strasbourg, pour qu'on ait intérêt à le transporter à Nantes ?

100. 14 kilogrammes de froment donnent 13 kilogrammes de farine, et 100 kilogrammes de farine donnent 130 kilogrammes de pain. La consommation moyenne d'un homme par an est 3$^\text{hl}$,6 de froment. Combien mange-t-il de kilogrammes de pain et quel est le prix de ce pain à Paris où on le paye 0^f,45 le kilogramme ?

101. Un libraire fait imprimer un ouvrage de 28 feuilles. Il donne 40 francs par feuille pour le compositeur et 5 francs pour la correction des épreuves ; le papier coûte 13^f,50 la rame de 500 feuilles, le cartonnage est de 0^f,46 par exemplaire et il a été dépensé 125 francs en annonces. Chaque exemplaire se vend 4^f,50 et le libraire veut gagner 1000 francs. Combien faut-il tirer d'exemplaires ?

102. La durée de la rotation de la lune sur elle-même est de 27^j 7^h 43^m 9^s. Réduire ce nombre en fraction décimale du jour.

103. Prouver l'égalité des fractions $\frac{28}{99}$, $\frac{2828}{9999}$, $\frac{282828}{999999}$,...

104. La hauteur moyenne du baromètre au niveau de la mer est de 28 pouces. Convertir ce nombre en centimètres.

105. Le frédéric de Prusse est une pièce d'or dont le poids est

6gr,689 et le litre 0,903. Quelle est la quantité d'or pur contenue dans 1000 frédérics et quelle est leur valeur au change des monnaies?

106. Un terrain de 60 arpents de Paris a été payé à raison de 3000 livres tournois l'arpent, avant l'établissement du système métrique: sa valeur a doublé depuis cette époque. On demande quelle est en francs sa valeur actuelle et ce que vaut l'hectare de ce terrain.

107. Quelle est la densité de l'alliage qui sert à fabriquer les monnaies d'argent en France, sachant que la densité de l'argent est 10,47 et celle du cuivre 8,85?

108. Une feuille de zinc d'épaisseur uniforme a 75 centimètres de largeur et 1m,20 de longueur. Sa densité est 6,86 et son poids 3k,087. Calculer l'épaisseur.

109. Un arbre équarri a pour longueur 3t 5p, pour largeur 1p—7p et pour épaisseur 1p — 8p. Quelle est sa valeur à raison de 40 francs le stère?

110. On convertit une masse de plomb pesant 791 kilogrammes en feuilles ayant 0mm,1 d'épaisseur. Calculer la surface qu'on pourrait recouvrir avec ces feuilles, sachant que la densité du plomb est 11,3.

111. Trouver en mètres la distance de deux points de la terre situés sur le même méridien, sachant qu'ils ont respectivement pour latitude : 48° 50′ 11″ et 41° 52′ 18″.

112. Quelle est la densité de l'alliage qui sert à fabriquer les monnaies d'or françaises, sachant que la densité de l'or est 20,688 et que celle du cuivre est 8,85?

113. Trouver le volume d'une pièce de *dix* centimes en bronze, sachant que les densités du cuivre, de l'étain et du zinc sont : 8,85, 7,29 et 7,19.

Exercices sur le livre IV.

114. La différence entre les carrés de deux nombres entiers consécutifs est 641. Quels sont ces nombres?

115. La différence des carrés de deux nombres est égal au produit de la somme de ces nombres multipliée par leur différence.

116. Partager une somme en deux parties telles que leur produit soit le plus grand possible.

117. Le carré d'un nombre premier, autre que 2 et 3, diminué d'une unité est divisible par 12.

118. La somme de deux nombres est 15 et la différence de leurs carrés est 135. Quels sont ces nombres?

119. Le prix d'un diamant est proportionnel au carré de son poids. Prouver qu'en séparant un diamant en deux morceaux on diminue sa valeur. Perte maximum.

120. Quelles sont les racines carrées des nombres 556,96 et 57873,9249 ?

121. Calculer, à un mètre près, la circonférence d'un cercle ayant 7 hectares 3 ares 8 centiares de superficie. On sait qu'on trouve la longueur de la circonférence en prenant la racine carrée du produit de la surface multipliée par 4 fois le nombre π. ($\pi = 3,1415926\ldots$).

122. Un terrain qui a la forme d'un rectangle contient 1 hectare 15 ares 32 centiares. Calculer les deux dimensions de ce rectangle, sachant que la longueur est égale à 3 fois la largeur.

123. Un champ a la forme d'un rectangle dont le plus petit côté est les $\frac{3}{7}$ du plus grand. Sa surface est de 10 hectares 5 ares 17 centiares. Trouver les deux côtés à 1 mètre près.

124. Quelle est la racine quatrième du nombre 531441 ?

125. La différence des carrés de deux nombres entiers est 36. — Trouver ces nombres.

126. Formule donnant la somme des n premiers nombres.

127. Tout nombre impair, excepté l'unité, est la différence de deux carrés.

128. Tout multiple de 4, excepté 4, est la différence de deux carrés.

129. La somme d'un nombre et de sa racine carrée est 870. Quel est ce nombre ?

130. La différence de deux nombres entiers est 2, leur produit est 3363. Quels sont ces nombres ?

131. On sait que le carré de l'hypoténuse d'un triangle rectangle est égal à la somme des carrés des deux côtés de l'angle droit. Cela posé, on demande de calculer l'hypoténuse d'un triangle rectangle, sachant que les deux côtés de l'angle droit ont respectivement pour longueur 13 toises et 11 toises 4 pieds 5 pouces.

(Calculer l'hypoténuse en anciennes et nouvelles mesures.)

Exercices sur le livre V.

132. Si l'on a $\dfrac{a+b}{a-b} = \dfrac{c+d}{c-d}$, on a aussi $\dfrac{a}{b} = \dfrac{c}{d}$.

133. Si les deux rapports $\dfrac{a}{b}$ et $\dfrac{c}{d}$ sont égaux, les rapports $\dfrac{7a+b}{3a+5b}$ et $\dfrac{7c+d}{3c+5d}$ sont aussi égaux.

134. Quelle est la condition pour qu'on obtienne une proportion en ajoutant deux proportions, terme à terme.

135. Si l'on a une suite de rapports inégaux, en divisant la somme des numérateurs par la somme des dénominateurs, on obtient un rapport plus grand que le plus petit des rapports donnés, mais plus petit que le plus grand.

136. La profondeur du puits de Grenelle est de 505 mètres et la température du fonds du puits est de 27°,33. La température d'une couche située à 28 mètres au-dessous du sol étant 11°7, calculer la température d'une couche située à une profondeur de 217 mètres. (On admet que l'accroissement de la température est proportionnel à l'accroissement de la profondeur.)

137. Le prix d'un diamant étant proportionnel au carré de son poids, on demande le prix d'un diamant de 0^{gr},782, sachant qu'un diamant de 0^{gr},411 s'est vendu 200 fr.

138. Il faudrait, pour tapisser une chambre, dix rouleaux de papier ayant une largeur de 0^{m},36. Combien emploiera-t-on de rouleaux ayant une largeur de 0^{m},30?

139. L'eau de mer contient environ 2,5 pour 100 de son poids de sel; un litre d'eau de mer pèse 1026 grammes. Combien faudrait-il de litres d'eau de mer pour obtenir 880 grammes de sel?

140. Une montre qui avance de 3 minutes par jour est mise à l'heure un dimanche à midi. Quelle heure marquera-t-elle le mercredi suivant à 7^{h}20^{m} du soir?

141. Un voyageur a mis 5 jours $+ \dfrac{1}{2}$ pour faire les $\dfrac{2}{3}$ de sa route. Combien de temps mettra-t-il pour en parcourir les $\dfrac{4}{5}$?

142. Pour tapisser une chambre on a employé $7\dfrac{1}{2}$ rouleaux de papier de 5^{m},50 de longueur et de 0^{m},80 de largeur. Combien de rouleaux de même longueur emploierait-on pour tapisser la chambre, si le papier avait 0ᵐ,60 de largeur?

143. Deux plaques de fonte ont la même longueur et le même poids, la première a 2 centimètres d'épaisseur et 24 centimètres de largeur; la seconde a 30 centimètres de largeur; quelle est son épaisseur?

144. Une masse de gaz occupe un volume de 2ˡ,4 à la pression de 765 millimètres de mercure. Quel volume ce gaz occuperait-il, à la même température, sous une pression de 360 millimètres?

145. Avec 7 métiers travaillant 6 heures par jour, il faut 8 jours pour tisser 1860 mètres de toile; avec 5 métiers semblables aux premiers et travaillant 8 heures par jour, combien tissera-t-on de mètres en 7 jours?

146. Les rails posés sur un chemin de fer pèsent 38 kilogrammes par mètre courant; la longueur de chaque rail est de 5 mètres, et le prix de 37 fr. par 100 kilogrammes. La longueur du chemin de fer est de 594 kilomètres, et il y a quatre cours de rails sur la voie. On demande : 1° le poids total des rails ; 2° le volume du fer, la densité étant de 7,7 ; 3° le nombre des rails ; 4° le prix des rails.

147. Avec 22 kilomètres de fil, on a fabriqué une pièce de toile ayant 104 mètres de longueur sur 1ᵐ,12 de largeur. Quelle largeur devrait-on donner à une toile ayant 156 mètres de longueur, si on voulait la tisser avec 49ᵏ,5 du même fil?

148. Le nombre des vibrations transversales qu'une corde exécute dans une seconde varie proportionnellement à la racine carrée du poids qui la tend, et en raison inverse de son diamètre, de la longueur et de la racine carrée de sa densité.

Cela posé, on sait qu'une corde d'acier dont la densité est 9,716, dont le diamètre est 0ᵐᵐ,4 et la longueur 0ᵐ,5 exécute 1006 vibrations lorsqu'elle est tendue par un poids de 25 kilogrammes. On demande le nombre de vibrations que ferait en une seconde une corde de laiton de 0ᵐ,6 de longueur et de 0ᵐᵐ,3 de diamètre, tendue par un poids de 20 kilogrammes. La densité du laiton est 8,85.

149. Une personne a placé à intérêt simple et au taux de 5 % une certaine somme le 10 mars 1873. Les intérêts de cette somme se sont élevés à 1920 francs le 24 juillet 1877. Quelle est la somme?

150. Deux capitaux ont été placés, le premier à 4 % pendant 6 ans et 4 mois, le second à 3 % pendant 4 ans et 6 mois. L'intérêt du premier surpasse de 1071 francs l'intérêt du second. Calculer ces deux capitaux sachant que leur rapport est égal à celui des nombres de 45 et 58.

151. Quel est le capital qu'il faut placer à 4,25 % pour obtenir en 72 jours 250 francs d'intérêt?

152. Une personne a placé à 6 % un certain capital. A la fin d'une année, ce capital joint à son intérêt se monte à 6385 francs. Quel est le capital ?

153. Une personne a placé à 6 % un certain capital. Au bout de 72 jours, ce capital joint à son intérêt se monte à 560f,33. Quel est ce capital ?

154. Une personne possède un capital de 25 000 francs. Elle en place un quart à 4 %, un cinquième à 5 % et le reste à 6,5 %. Trouver le taux moyen du placement.

155. Un marchand vend ses marchandises à 2f,40 le kilogramme. Il gagne 2 % sur le prix d'achat. Quel est le prix d'achat de 500 kilogrammes ?

156. Une personne place aujourd'hui une somme a au taux i; au bout du temps t, elle place une somme a' au taux i'. Au bout de combien de temps les deux sommes auront-elles produit des intérêts égaux ?

$a = 15\,832$ francs $a' = 16\,940$ francs $t = 65$ jours.
$i = 5$ $i' = 5,25.$

157. Une personne a emprunté le 1er janvier 1877 une somme de 1000 francs qu'elle s'est engagée à rembourser, avec les intérêts à 6 %, dans un intervalle de 9 mois. Pour cela, elle a dû faire 3 versements égaux le 1er avril, le 1er juillet et le 1er octobre. Quel a été le montant de chaque versement ?

158. Décomposer 189 en deux facteurs tels que leur rapport soit égal à $\dfrac{3}{7}$.

159. Une personne avait destiné une somme de 864 francs aux pauvres de son quartier. Six d'entre eux n'ayant plus besoin de secours, chaque pauvre restant reçoit 2 francs de plus. Combien y avait-il de pauvres ?

160. Trouver trois nombres proportionnels à 2, 7 et 9 et tels que la somme de leurs carrés soit égale à 2144.

161. Un groupe de travailleurs composé de 18 hommes, 15 femmes et 20 enfants a gagné 3420 francs. Répartir cette somme entre les ouvriers de manière que la part d'une femme soit les $\dfrac{2}{3}$ de celle d'un homme et la part d'un enfant les $\dfrac{3}{4}$ de celle d'une femme.

162. Le bronze des cloches contient 78 parties de cuivre et 22 d'étain ; le kilogramme de cuivre coûte 3f50 et le kilogramme d'étain

3 francs. Quelle est la dépense en métal d'une cloche de 435 kilogramme ?

163. 2 litres de vapeur d'eau se composent de 2 litres d'hydrogène et de 1 litre d'oxygène. Le rapport du poids de l'hydrogène à celui de l'air est 0,069; le rapport du poids de l'oxygène à celui de l'air est 1,106; enfin, un litre d'air pèse 1^{gr},293. Quelle est le poids de 1 litre de vapeur d'eau et quel est le rapport de ce poids à celui de l'air?

164. Les allumettes chimiques sont composées de la manière suivante : phosphore, 2,5 ; colle forte, 2 ; eau, 4,5, sable fin, 2 ; ocre rouge, 0,6 ; vermillon, 0,1. Quelle quantité de chacune de ces substances doit-on mélanger avec 500 grammes de phosphore?

165. L'alliage des caractères d'imprimerie contient 80 pour 100 de plomb et 20 pour 100 d'antimoine. La densité du plomb est 11,35 et celle de l'antimoine 6,72. Quelle est la densité de l'alliage?

166. Le contingent de chaque département, dans le recrutement de l'armée, avant la nouvelle loi militaire, était fixé tous les ans proportionnellement au nombre des jeunes inscrits sur les listes du tirage au sort. 140 0 0 hommes ont été appelés sur une classe pour laquelle le nombre total des inscriptions était de 307 202. Calculer les contingents qu'ont dû fournir : le département du Nord, qui comptait 10 188 inscriptions, et le département des Hautes-Alpes, qui en comptait 1276.

TABLE DES MATIÈRES.

LIVRE I.

NOMBRES ENTIERS. — LES QUATRE OPÉRATIONS.

Chap. I. Numération décimale	1
— II. Addition	11
— III. Soustraction	16
— IV. Multiplication	21
— V. Division	34

LIVRE II.

PROPRIÉTÉS DES NOMBRES.

Chap. I. Divisibilité	49
— II. Du plus grand commun diviseur	62
— III. Nombres premiers. — Plus petit commun multiple	71

LIVRE III.

FRACTIONS. — MESURE DES GRANDEURS.

Chap. I. Notions générales	85
— II. Calcul des fractions	94
— III. Numération des nombres décimaux	107
— IV. Opérations sur les nombres décimaux	113
— V. Système métrique	127

LIVRE IV.

PUISSANCES ET RACINES.

Chap. I. Carrés de nombres............................... 149
— II. Racines carrées des nombres...................... 149

LIVRE V.

RAPPORTS.

Chap. I. Rapports et proportions........................ 159
— II. Grandeurs proportionnelles...................... 173
— III. Questions sur les intérêts et les escomptes...... 188
— IV. Partages proportionnels. — Questions sur les sociétés. 200
— V. Moyennes arithmétiques. — Questions sur les mélanges et les alliages............................... 207
Problèmes. Énoncés.................................... 217

FIN DE LA TABLE DES MATIÈRES.

12039. — Imprimerie A. Lahure, rue de Fleurus, 9, à Paris.

www.ingramcontent.com/pod-product-compliance
Lightning Source LLC
Chambersburg PA
CBHW060118170426
43198CB00010B/943